健康烘焙

从入门到高手

（韩）朴允英 著
王守香 译

轻松驾驭家庭健康烘焙

化学工业出版社
·北京·

家庭中也许有孩子是过敏体质，不能食用鸡蛋和食品添加剂；也许有老人是糖尿病患者，要戒甜食，严格控制血糖；也许还有想要瘦身的妹妹，不吃黄油和糖。这本书中的烘培甜点大多不放动物黄油，且大幅度减少了精制糖的用量，或者直接用应季水果代替了糖，有效减少了糖的摄入并降低了热量。书中还用非精制面粉和谷物代替了精制面粉，使用天然食材制作出了美味健康的甜品。大家可以根据自己的需求自由拥抱甜点，同时也拥有健康。

全书100余道烘焙美食皆为作者反复试作研发的心血，测试出了容易成功、口感极佳的配方，并将重要步骤一一图解说明，即使是完全没有经验的烘焙新手，也能轻松跟着做。

北京市版权局著作权合同登记号：01-2015-5123

图书在版编目（CIP）数据

健康烘焙：从入门到高手 /（韩）朴允英著；王守香译 . —北京：化学工业出版社，2019.8
ISBN 978-7-122-34581-3

Ⅰ. ①健…　Ⅱ. ①朴…　②王…　Ⅲ. ①烘焙 -- 糕点加工　Ⅳ. ①TS213.2

中国版本图书馆 CIP 数据核字（2019）第 104533 号

责任编辑：马冰初　　　　　　　　　文字编辑：李锦侠
责任校对：张雨彤　　　　　　　　　装帧设计：芊晨文化

出版发行：化学工业出版社（北京市东城区青年湖南街 13 号　邮政编码 100011）
印　　装：北京宝隆世纪印刷有限公司
710mm×1000mm　1/16　印张 17½　字数 420 千字　2020 年 4 月北京第 1 版第 1 次印刷

购书咨询：010-64518888　售后服务：010-64518899
网　址：http://www.cip.com.cn
凡购买本书，如有缺损质量问题，本社销售中心负责调换。

定　价：68.00 元　　　　　　　　　　　　　　版权所有　违者必究

前言

　　上高中的时候，平生第一次给妈妈烤了一个生日蛋糕，那是我的首次烘焙。虽然十分生疏，但是这是我诚心诚意做的蛋糕，父母连一点小渣都没剩，全部吃掉了。当时，连一件像样的工具都没有，没有抹刀就用饭勺抹奶油，歪七扭八地放上水果。现在想起来感觉非常丢脸，但是当时再没有比这更让人激动和心满意足的了。那时的感觉，我这辈子都不会忘记。

　　就像所有的少女一样，我也非常喜欢甜甜的蛋糕。在上女高和女大的时候，下了课常常和朋友们手牵手地走进蛋糕店，点上几块蛋糕，坐在那里一聊就是一两个小时。后来我做了很长时间的时尚杂志记者，就算中午饭随便吃杯面，但是对于甜点，却一直执着于漂亮好吃的蛋糕。也许会有人不能理解，但是对我来说，没有比吃一块甜甜的曲奇或蛋糕更幸福的了。这样喜欢吃的我，结婚后在成为家庭主妇的同时，正式迈进了家庭烘焙的世界。不是为了自己能够吃到酥脆的饼干和香甜的蛋糕，而是为了做容易被人体吸收又有益身体健康的甜品。

　　我推崇不放动物黄油和大幅减少糖的使用量，降低甜味和热量，使用应季的水果和蔬菜，用非精制的糖和谷物等天然食材制作出美味健康的甜品。这是一件非常让人兴奋的事。如果要问家庭烘焙的最大魅力在哪，应该就是根据喜欢的食材和工具做出不同的味道和模样吧！可以给想要减肥的朋友烤不加黄油和糖的清淡曲奇，给敏感体质的侄子做不加精制面粉和油制品的健康面包，给患糖尿病的父母做用应季水果代替糖的蛋糕等。这是我的又一种快乐和幸福。亲自挑选放心的新鲜食材，按照我自己的配方，和好面团放进烤箱，虽然不如专业面包师，但是至少在那时，我是很自豪并脸上洋溢着微笑的。

　　这本书中包含了健康的、好吃的、简单的烘焙配方。就算是第一次做饼干，或者不会和面团，不会熟练快速地用奶油装饰蛋糕，也能和这本书一起接受烘焙挑战。为了你和你身边心爱的人，从现在开始尝试简单的健康烘焙，怎么样？

　　最后，感谢在这本书的准备期间，吃了超多的面包和蛋糕却依然为我竖起大拇指的可靠老公、在我身边默默支持我的家人、就算不能常常见面也常给我温暖支援的珍贵的朋友们。感谢你们所有人，我爱你们！

朴允英

▼▼▼▼▼▼▼▼▼▼▼▼▼▼▼▼▼▼▼▼▼▼▼▼▼▼▼▼▼▼▼▼▼▼▼

Part 1　烘焙的第一步！简单容易的基础健康烘焙

Part 2   **特殊日子的烘焙日历**

Part 3　梦幻的婚礼

Part 4　轻松在家做人气甜品

烤箱

 打蛋器

 搅拌机

选择分上火和下火的电烤箱较好，放在煤气灶上使用的烤箱也可以。在选择烤箱的时候，要考虑一次做的量和常做的食物种类。如果常做饼干、玛芬蛋糕或蛋挞等，只要选择20L的烤箱就行；但是如果常做蛋糕或面包，选择30L以上的产品更方便。

在简单地混合食材时或打发鸡蛋和奶油时使用。打蛋器的柄只要适手就可以。

和打蛋器一样，是在混合食材的时候或打发鸡蛋和奶油的时候使用。它比手动打蛋器更节省时间和力气，并且使用方便。立式搅拌机在需要大量混合食材的时候很有用。

 秤

 称量工具

 面包机

在称量使用厨房秤不方便称量的食材时使用。量杯主要用于牛奶、水或稀奶油等液体的称量，量勺主要用于盐、糖、酵母粉等粉状固体的称量。

在烘焙时最重要的就是准确称量。厨房秤一般分机器秤和电子秤两种。因此，使用连1g也能精确称重的电子秤更方便。

非常方便的制作面包的工具。比起用手和面来说，可以更安全更好地和面团，不仅没有失败的可能，而且能够做出更好的味道和口感。按照菜单把食材都放进去，按键就行，一般包括和面、发酵、烘焙等所有技能。但是平时主要用于面包的和面和第一次发酵过程。

家庭烘焙需要的工具真的很多，即使拥有了全部的工具，家庭烘焙的完成度也会不同。如果你还搞不清每种工具的样子和用法，就一起来看看吧。现在来介绍一下那些让烘焙变简单的基本工具。

 搅拌碗

搅拌或将食材打发时，作盛器用。可以准备各种大小的可以放在微波炉中使用的耐热型玻璃制品或轻便结实的不锈钢制品，比较方便。

 面粉筛

用来过筛面粉、米粉或者其他粉类原料。最好密网和疏网两种都有。面粉过筛不但可以除去面粉内的小颗粒，而且可以让面粉更加松散，有利于搅拌，口感更好。

 擀面杖

在做饼干和派的时候碾压面饼用，也可以在做面包时用于除空气，有木质的和塑料的，一般是圆柱形带把手的，选择适合自己的就行。

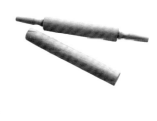

 慕斯圈

一种没有底的模具，在做慕斯蛋糕等需要放入冰箱冷藏成型的蛋糕时使用。在压制蛋糕形状的时候很有用。

 毛刷

主要用于在面团或蛋糕表面刷蛋液或糖浆，用完以后要洗干净，晾干。

 饼干模具

压制司康或曲奇等的时候使用。使用后不加洗洁剂，用毛刷轻轻地刷洗。因为容易生锈，所以一定要擦干水再妥善保管。

奶油抹刀

用于在蛋糕上抹奶油或者在杯蛋糕上抹糖霜，也可以在移动蛋糕的时候使用。若拥有长短两种，使用更方便。也可以用面包刀或黄油刀代替。

刮板

用于切割和好的面团或搅拌制作饼干、派、蛋挞的面团时使用。

模板

在蛋糕或饼干上刻字或图案的工具，塑料材质的比较多。也可以把喜欢的图案刻印在纸上代替模板使用。

刮刀

搅拌食材或刮粘在盆上的面糊时使用。一般选择橡胶或硅胶材质、柔韧性好、耐热性强的产品较好。

烘焙纸、垫纸，裱花袋

用于烤蛋糕或饼干的时候铺在烤盘或模具上，这样容易分离烤好的蛋糕或饼干，可以按照烤盘或模具的大小剪裁使用。垫纸一般是一次性的笼布，可以反复使用。裱花袋是在食材装模或装饰蛋糕的时候使用的，经常装上各种形状的裱花嘴，以方便造型。

冷却网

把刚烤出来的饼干、面包或蛋糕放在上面散热、放凉。有一定高度才好通风并均匀散热，也可以防止返潮。

蛋糕转台

在给蛋糕涂奶油和糖霜的时候使用，以方便旋转。一般为塑料材质，没有锋利的棱角，可以安心使用。

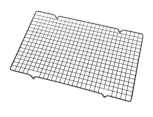

圆形、四角形模具

作为烘焙的基本模具，圆形模具在烤杰诺瓦士蛋糕的时候使用。拥有两个不同大小的模具，比较方便。四角形的模具常在烤布朗尼的时候使用。若垫了防油纸或纸垫后再烤，烤好以后较易脱模。

戚风蛋糕模具

在烤戚风蛋糕的时候使用。通过中间的中空突起传热。但是由于戚风蛋糕主要是靠蛋糕糊附着模具内壁起发的，所以模具没有涂层，烤好后应立刻把模具倒过来放凉，这样才能按照发好的模样使蛋糕脱模。

面包模具

烤面包的时候使用。大小多样，有长方形的和正方形的，选择范围较广。

长方形磅蛋糕模具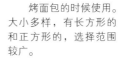

在烤长方形的磅蛋糕时使用。有各种形状和大小。带涂层的模具用起来很方便，如果是没有涂层的模具，可以垫上纸垫或者在放蛋糕糊之前先在模具内壁仔细地刷好油再用。

派模具

制作派的时候使用。使用能够分离底部的模具，拿出派时不会破坏边沿部分。

长崎蛋糕模具、半圆形模具

长崎蛋糕模具是在做长崎蛋糕时使用的，多数由扁柏或松木制成，水洗后要放在阴凉的地方，完全晾干后才能收起来。半圆形模具是在制作磅蛋糕、慕斯蛋糕、果冻、布丁时使用的，用法多样。清洗的时候要用柔软的百洁布，完全擦干水分后放在干燥的地方保管。

一次性模具

制作某些不常做的糕点时，可以使用一次性模具。使用一次性模具做成的食物，可以当作礼物送人。适合不同季节或特殊日子的模具有很多，所以拥有不同类别的一次性模具，用起来比较方便。

其他造型的模具

各种造型的模具不仅可以决定面包或蛋糕的外形，还能决定面包或蛋糕的名字。需要注意的是，就算是同一种模具，根据不同的大小，面糊的用量、烘烤的温度和时间等都不一样。

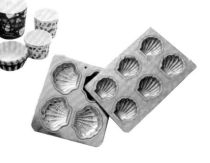

全麦面粉 & 黑麦面粉

全麦面粉是包含小麦的外层麸皮、富含植物纤维和各种营养素的面粉，比一般的面粉颜色要黄而且口感粗糙，但是越嚼越香。黑麦面粉是由黑小麦制成的，但是因为面筋含量较低而不利于胀发，所以和面的时候掺入30%~40%的量效果较好。

米粉

米粉是可以代替面粉的烘焙用食材。高筋米粉在做面包的时候使用，低筋米粉在做蛋糕或饼干的时候使用。

面粉

面粉是最基本的烘焙食材。根据面筋含量的多少分为高筋面粉、中筋面粉和低筋面粉。要做筋道的面包时选择高筋面粉，做脆脆的饼干或蛋糕时使用低筋面粉。

杏仁粉

在不适用黄油的食谱中，杏仁粉是必需的。把脱皮的杏仁制成粉末状使用，可起到丰富味道的作用。

坚果类 & 水果干

烤面包和饼干的时候放入坚果类或水果干，不仅香脆而且味道很好。最常用的坚果类就是杏仁、核桃仁以及开心果。食谱中的坚果类按照标记使用就行，可以粉碎后使用，也可以整个放入。水果干是水果经过干燥工艺制成的，浓缩了糖分和风味。蔓越莓干和葡萄干就是代表，此外还有蓝莓干、芒果干和橘皮等。

食用明胶 & 石花菜粉

做果冻或布丁的时候使用的食用明胶具有加水后膨胀、渐渐变硬的性质。石花菜粉也是和食用明胶一样的凝固剂，在做羊羹的时候使用。食用明胶一般是从动物胶原蛋白中提取的蛋白质，而石花菜粉的主要原料是海草类。石花菜粉一般泡在凉水里5min左右后滤水使用。

鲜奶油（又称生奶油）

鲜奶油是从牛奶中提取乳脂肪制成的，口感柔滑香醇。在做玛芬蛋糕或普通蛋糕面糊的时候，以及做蛋糕装饰的时候使用。鲜奶油的新鲜度很重要，所以买的时候一定要注意制造时间和有效期。也有和鲜奶油差不多的植物奶油，但是在味道和口感上都不能和鲜奶油比。

糖粉

糖粉是在纯度较高的白砂糖中添加了淀粉后研磨而成的产品，水分含量低，所以在做香脆的饼干时常用。另外，也可以用糖粉在蛋糕上面写字或进行装饰。

选择好了食材，家庭烘焙就已经成功了一半！同样的食材，用法不同，味道也会不同。在开始家庭烘焙之前了解一下下面介绍的内容吧！

油

用植物油代替黄油使用的情况有很多。主要使用没有什么特殊味道的葡萄籽油和芥花籽油，但是在做面包的时候也会用橄榄油或根据食谱使用味道很好的椰子油。

酵母

做饼干和面包的时候起到胀发的作用。可以用于面包发酵的酵母有鲜酵母和干酵母两种，常用的是保质期长、使用方便的干酵母。

鸡蛋

可增加面包或蛋糕的香软口感。应该选择没有使用抗生素、合成着色剂和产卵促进剂的产品。使用前提前30min从冰箱中取出，放至室温再用比较好。

香草香料

香草因为其特有的香甜所以在烘焙的时候常常用到，特别是在去除面粉特有的味道和鸡蛋的腥味的时候。可以直接刮香草豆荚用，也可以放香草味的食用油或香草香精。

非精制糖

糖可以增加饼干、蛋糕和面包等的甜味，还能帮助发酵。根据食谱的不同选择白砂糖、黄砂糖、黑砂糖使用，为了健康，常使用精制度低的黄砂糖。

糖浆

为了提高甜味和滋润度，使用蜂蜜或糖浆可以减少砂糖的使用量。浓缩枫树树液而来的枫树糖浆和从仙人掌里萃取的龙舌兰糖浆对提高甜味和增加风味都很有用。

其他天然粉末

在做饼干和蛋糕的时候可以用椰子粉、绿茶粉、抹茶粉、甜南瓜粉、白莲草粉、红曲米粉等代替人工色素来改善味道和色泽。椰子粉主要是在做巧克力饼干时使用，使用无糖的较好。

巧克力

做烘焙必不可少的材料之一就是巧克力，可以放在面糊中或者用于装饰。黑巧克力因为糖分和奶油的含量较低所以较为苦涩，白巧克力因为可可脂、牛奶和糖分较多所以味道较甜。另外还有草莓巧克力和芒果巧克力等，这些主要用于装饰。

奶油奶酪

以微酸的味道为特点的奶油奶酪在饼干、蛋糕、玛芬蛋糕等的制作中都有使用，也用于杯蛋糕的糖霜的制作。因为开封后易发霉变质，所以最好用多少买多少。

面包 面团

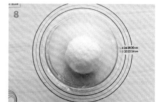

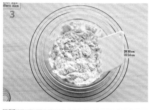

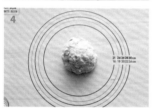

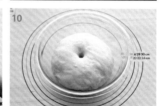

🍴 搅拌碗，刮刀，刮板，料理台，保鲜膜　⏱ 1h 30min

1 在大碗里放入筛好的高筋面粉，然后把速溶的干酵母、砂糖、盐等依次放入，搅拌均匀。

2 在搅拌好的面粉中间挖一个洞，放入水、油或者牛奶等液体食材。

3 用奶油抹刀或者刮刀搅拌。

4 食材彼此黏结在一起后放到料理台上用手揉成面团。

5. 把面团按扁后反复折叠，按压，再折叠。

6 一直揉到面团表面变得光滑有弹性，反复多次进行折叠和按压的动作。

7 一直到面团不粘手，再揉动15~20min。

8 直至扯下一小块面团，拉开不断且像透明薄膜的时候就行了。把面团成圆形以后放在大碗中，为了防止面团风干，可在碗上覆上保鲜膜，戳三四个洞。

9 夏季时将面团置于常温，冬季时可以在微波炉中放一杯水（玻璃杯）转30~60s，让微波炉内部变热，然后把和好的面团放入，发酵1h左右。

10 当面团发酵至原来的2倍大时，用手指蘸上面粉在面团中间按下去试试。如果指洞保持不变，那么面团就做好了。接下来可按自己的喜好烤成各种形状及口感的面包。

因为面包的面团和饼干的面团种类多且食材多样，所以这里省略了食材的介绍。

饼干 面团

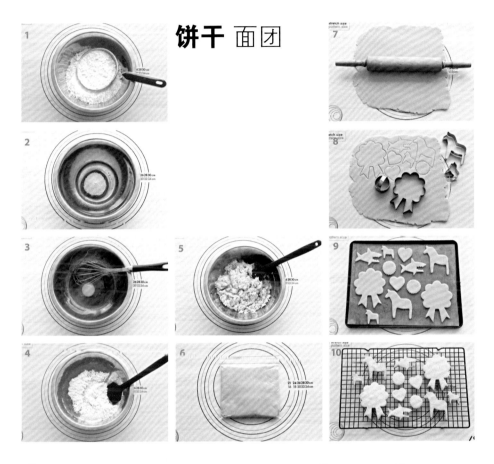

🍽 搅拌碗，打蛋器，保鲜袋，擀面杖，烘焙纸，刮刀，饼干模具，烤箱 ▣ 170℃ 8~10min ⏱ 50min

1 面粉提前筛两三遍备用。

2 在搅拌碗中放入葡萄籽油和砂糖，搅拌均匀。

3 放入鸡蛋打匀，把香草香精也一同放入。

4 把提前筛好的面粉放入，用刮刀搅拌。

5 把面粉搅拌成团。需要注意，长时间揉动或者搅拌，面团会变硬。

6 将面团装入保鲜袋中按扁，然后放入冰箱冷藏室中醒发30min。

7 把醒好的面团用擀面杖擀成0.5cm厚的面饼。

8 用饼干模刻出形状。

9 把刻好的饼干坯放入铺有烘焙纸的烤盘里，在预热至170℃的烤箱里烤8~10min。

10 烤至饼干呈淡褐色的时候就完成了。

蛋糕 面糊
（海绵蛋糕）

🍮 圆形（8寸，直径20cm）1个

🍴 搅拌碗，手动搅拌器，奶油抹刀，
垫纸，圆形烤盘，冷却网，刀

🔲 180℃ 25~30min ⏱ 1h

鸡蛋清3个+砂糖40g，鸡蛋黄
3个+砂糖40g，盐1撮，香草
香精1/2小勺，低筋面粉90g，
葡萄籽油20g

---

1 鸡蛋清搅打起泡后分三次加
入砂糖，打发成尖部能立起的
霜状蛋白。

2 在另一个碗中放入鸡蛋黄和
砂糖，均匀搅拌。

3 加入香草香精和盐，一直搅
打至呈米黄色。

* 不仅蛋清液要好好搅拌，蛋黄液
也要打好，蛋糕坯才能更好地
胀发。

4 在打好的蛋黄液中放入已经筛好
的低筋面粉，慢慢地搅动，不要让
泡沫消失。

5 把做好的蛋白霜分三次放入，均
匀搅拌。

6 搅拌均匀后，把葡萄籽油沿着奶
油抹刀倒入，快速搅动，不要让泡
沫消失。

7 在垫好垫纸的圆形烤盘里放入
面糊，在底部敲打两三次，去除
气泡。

8 在预热至180℃的烤箱里烤
25~30min。

* 用牙签插入面糊后拔出，上面不
沾面糊就可以了。

9 把烤好的蛋糕连同模具放到冷却
网上，倒扣脱模，蛋糕充分冷却后
切成1cm厚的片。

派 饼皮

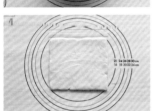

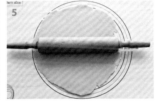

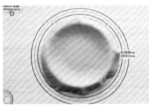

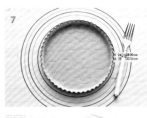

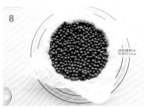

🥧 圆形（8寸，直径20cm）1个

🍴 搅拌碗，筛子，刮板，保鲜袋，擀面杖，派模具，压石，垫纸，冷却网

🔥 180℃ 10~25min ⏱ 1h

原味派饼皮 低筋面粉100g，杏仁粉20g，盐2g，葡萄籽油20g，凉水20g

1 将低筋面粉和杏仁粉提前筛两三遍备用。

2 把筛好的混合粉装入搅拌碗，放入葡萄籽油和凉水。

3 用刮板均匀搅拌。

4 搅拌成面团后放入保鲜袋中擀扁，放入冰箱冷藏室中醒发30min。

5 醒好的面团用擀面杖擀成0.5cm厚的面皮。

6 把擀薄的面皮放入派模中，用手把面皮沿着模具的沟槽按压好。然后，将擀面杖放到模具上面滚动，去除掉多余的面皮，做成饼皮面坯。

7 在面坯的底部用叉子扎几个气孔。

8 把垫纸铺在面坯的上面，放上压石。

* 若没有压石，也可以用豆类。

9 放入预热至180℃的烤箱中烤15min就完成了。

甜味派饼皮 低筋面粉150g，杏仁粉30g，糖粉30g，盐2g，葡萄籽油25g，凉水30g

* 甜味派饼皮比一般派饼皮要甜，且比一般派饼皮易碎，所以装模时，若未能一次成功，应将饼皮整个揭下，用手抚平后再次装模。

因为健康、美味、简单，所以值得感谢

◎《健康烘焙从入门到高手》中使用新鲜的应季食材，并尽可能使用有机品种。

◎让初次尝试烘焙的人也能轻松上手。书中详细记录了食材的分量、烘焙的温度和时间、操作难易度。

◎制作时候的注意事项都记录在了步骤旁边。另外，还介绍了每个食谱需要了解的小窍门。

◎《健康烘焙从入门到高手》中制作的食物不能存放很长时间，需要多少做多少，并马上食用。

用新鲜食材新做的面包、饼干、蛋糕、派等，营养和味道都是非常棒的。

Part 1

烘焙的第一步！简单容易的基础健康烘焙

谁都可以做出来的美味无黄油饼干　　每天吃也吃不腻的健康面包

色香味俱全的蛋糕　　食材健康的蛋挞和派

1

谁都可以做出来的美味无黄油饼干

饼干非常适合新手初次尝试烘焙时制作。

相对于面包和蛋糕来说，饼干的制作方法简单易学。

如果是刚开始学习烘焙的朋友，请从饼干开始，逐步尝试新的挑战。

本章教你用植物油代替高热量的动物黄油，并减少砂糖的使用量，也能做出
香脆可口的饼干。

开心果蔓越莓意式脆饼：香脆的开心果和酸甜的蔓越莓让人回味无穷

绿茶草莓大理石饼干：带给你无比舒畅的心情

酸奶球：外表圆圆的，口感清淡，最适合假期的悠闲时光

香蕉燕麦饼干：低热量，高营养，健康又美味

摩卡曲奇：让下午茶的时光充满幸福

绿茶巧克力曲奇：像初恋一样，甜蜜中又夹杂着一丝苦涩

黑芝麻曲奇：味道香甜可口，营养均衡

黑麦巧克力曲奇：绝妙的滋味让人欲罢不能

地瓜华夫饼：地瓜特有的香味流连于唇齿之间

现在，跟我一起动手制作吧！

NO!
黄油

开心果蔓越莓意式脆饼
★★☆

这是要烤两遍的意大利甜点，嚼起来口感非常有趣，而且越嚼越香。因为放了多多的富含维生素的开心果和蔓越莓，味道好，营养也好！

12~14个

低筋面粉170g，泡打粉2g，砂糖25g，蜂蜜15g，鸡蛋1个，葡萄籽油30g，开心果60g，蔓越莓干30g

  搅拌碗，打蛋器，筛子，刮刀，烘焙纸，烤盘，平底锅，冷却网，刀

 180℃ 20~25min → 170℃ 15min

1h

蔓越莓干在温水或朗姆酒中泡5min以上，用力挤出水分。

1 开心果在不放油的平底锅里先烤一下或者在烤箱里轻微烤一下后，切成适当的大小。

2 鸡蛋用打蛋器打到产生白白的气泡，加入砂糖和蜂蜜，再打。

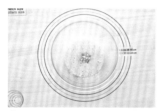

3 放入葡萄籽油，好好搅拌。

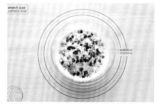

4 加入筛好的低筋面粉、泡打粉、开心果和泡开的蔓越莓干，搅拌到看不见生面粉的时候就行了。

5 把面团捏出形状，在预热至180℃的烤箱中烤20~25min。

为了能够将饼干均匀地烤好，烤的过程中翻一次面比较好。

6 等面团凉了以后，切成厚度为1cm的饼干，再在预热至170℃的烤箱中烤15min就行了。

Tips 如果鸡蛋打得太过，在第一次烤的时候上面的部分就会严重裂开。因此只要打到能让砂糖化了的程度就行。另外，第6步切饼干的时候，要冷却后再切才能完整地切好。比起面包刀，用大一些的菜刀一次就能干净整洁地切好。

绿茶草莓大理石饼干
★☆☆

每切一次面团，断面都会呈现出不一样的大理石纹样，是既有制作趣味又能让人心动的饼干。

草莓面团 低筋面粉160g，杏仁粉30g，糖粉80g，盐2g，鸡蛋1个，葡萄籽油40g，草莓粉12g，砂糖适量

绿茶面团 低筋面粉80g，杏仁粉15g，糖粉40g，盐1g，鸡蛋1/2个，葡萄籽油20g，绿茶粉4g，砂糖适量

直径4cm35个

搅拌碗，打蛋器，筛子，刮刀，垫纸，烘焙纸，烤盘，刀

170℃ 12~15min

1h35min
（包括放入冷冻室1h）

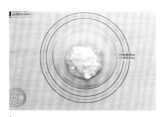

1 在搅拌碗中放入用于制作草莓面团和绿茶面团的全部葡萄籽油、糖粉和盐，好好搅拌。

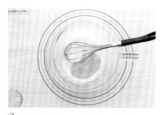

2 把鸡蛋分2~3次放入搅拌。

3 把提前筛好的低筋面粉和杏仁粉放入，轻轻搅拌，直到看不见生面粉后，把面团分成3等份，其中2/3放入草莓粉，揉成草莓面团。

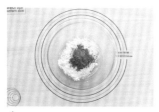

4 剩下的面团放入绿茶粉后揉成绿茶面团。

5 在草莓面团中一点一点地加入绿茶面团，揉成圆柱状，用垫纸或保鲜膜包好，放入冷冻室1h左右，使其变硬。

6 将食材从冷冻室里拿出来后蘸满砂糖。

如果喜欢清淡味道，这个过程可以省略。

7 将食材切成厚度0.5~0.7cm的饼干坯后放到铺好烘焙纸的烤盘上，在预热至170℃的烤箱中烤12~15min就完成了。

NO!
黄油

酸奶球
★☆☆

酸奶球中放入了对身体有益的核桃和原味酸奶，既健康又美味。这种饼干装在漂亮的瓶子里给值得感谢的人作礼物也不错吧?

直径4cm
35个

低筋面粉120g，玉米淀粉60g，泡打粉4g，盐1撮，糖粉60g，葡萄籽油30g，核桃碎40g，杏仁薄片20g，原味酸奶90g

 搅拌碗，打蛋器，筛子，刮刀，烘焙纸，烤盘

 170℃ 20~25min　 30min

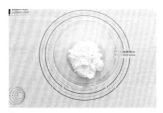

1 在葡萄籽油中放入糖粉，均匀搅拌。

2 放入原味酸奶搅拌。

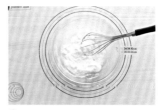

这时，揉搓过久会丧失酥脆的口感，所以只要轻轻搅拌到看不见生面粉即可。

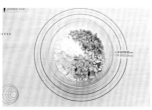

3 放入提前筛好的低筋面粉、玉米淀粉、泡打粉、核桃碎、杏仁薄片、盐，用刮刀轻轻地均匀搅拌。

4 团成直径为1.5~2cm的圆球，整齐地排放在铺好烘焙纸的烤盘上，在预热至170℃的烤箱中烤20~25min就完成了。

 Tips　根据放在烤盘上的面团的大小以及烤的时间不同，口感也会有细微的不同。如果喜欢酥脆的口感，酸奶球做得小点更好。另外，除了放核桃碎，还可以放葵花子仁、杏仁碎或花生碎等，做出来也很好吃。

香蕉燕麦饼干
★☆☆

饼干中放入了膳食纤维丰富的燕麦和香蕉，越嚼越香甜的味道让所有人都被它吸引。

直径6cm 15个

香蕉1根（100g），葡萄籽油30g，砂糖40g，蜂蜜40g，燕麦片90g，低筋面粉180g，泡打粉2g，盐1撮，香草香精1小勺，桂皮粉4g

  搅拌碗，勺子，筛子，刮刀，烘焙纸，烤盘

 180℃ 18~20min

30min

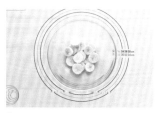

1 在搅拌碗中放入切成小块的香蕉，用勺子或刮刀仔细碾压。

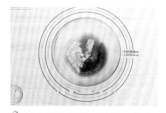

2 放入葡萄籽油、砂糖、蜂蜜、香草香精，搅拌均匀。

3 放入提前筛好的低筋面粉、燕麦片、泡打粉、盐、桂皮粉。

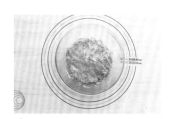

4 面糊较浓，用刮刀轻轻搅拌。

5 用勺子舀面糊，放在铺好烘焙纸的烤盘上，用手指轻轻压平。在预热至180℃的烤箱中烤18~20min就完成了。

Tips

燕麦片含有丰富的膳食纤维，不仅有利于瘦身，还有预防大肠癌的作用。在不放油的平底锅中稍微炒一下再使用，能够减少苦涩感，味道更香。另外，在和面糊的时候不要揉搓太久，轻轻搅拌才能使饼干拥有酥脆的口感。

NO!
黄油

摩卡曲奇
★☆☆

嘴里隐隐弥漫着摩卡香，连心情也变好了。在容易倦怠的下午茶时间来一片摩卡曲奇，非常幸福。

直径5cm
18~20个

热牛奶2大勺，速溶咖啡1大勺，鸡蛋1个，葡萄籽油40g，黑砂糖70g，香草香精1小勺，低筋面粉220g，泡打粉4g，盐2g，巧克力碎50g

搅拌碗，小碗，打蛋器，筛子，刮刀，垫纸，烘焙纸，烤盘，刀

 190℃ 10~12min

 1h35min
（包括放在冷冻室的1h）

1 在小碗中放入热牛奶和速溶咖啡，均匀搅拌，让咖啡溶化。

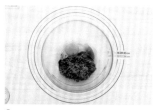

2 在搅拌碗中放入葡萄籽油、鸡蛋、黑砂糖和香草香精。

3 放入混合好的咖啡牛奶，搅拌均匀。

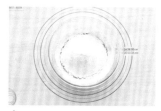

4 放入提前筛好的低筋面粉、泡打粉和盐，搅拌均匀。

5 放入巧克力碎轻轻搅拌均匀。

6 把面团捏成圆柱形。

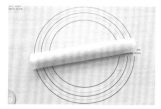

7 用垫纸包好后放入冷冻室冷冻1h。

8 把圆柱形面团切成0.5~0.7cm厚的圆饼，间隔一定距离放在铺好烘焙纸的烤盘上，在预热至190℃的烤箱里烤10~12min就完成了。

Tips 也可以用浓缩咖啡代替速溶咖啡。

绿茶巧克力曲奇

★☆☆

这款曲奇融合了绿茶的苦涩和巧克力的香甜，让人想起了爱情的味道。

 低筋面粉100g，葡萄籽油20g，砂糖30g，鸡蛋1个，泡打粉2g，香草香精1小勺，绿茶粉或抹茶粉5g，核桃碎1把，巧克力碎1把

直径6cm 10~12个

 搅拌碗，打蛋器，筛子，刮刀，烘焙纸，烤盘

 175℃ 12~15min 25min

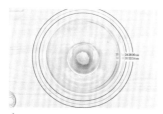

放香草香精是为了去除鸡蛋的腥味，不放也可以。

1 在搅拌碗中放入葡萄籽油和砂糖，搅拌。

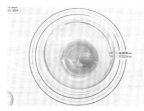

2 放入鸡蛋和香草香精，充分搅拌。

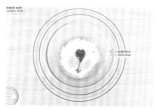

3 放入提前筛好的低筋面粉、泡打粉、绿茶粉或抹茶粉，轻轻搅拌。

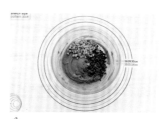

4 放入核桃碎和巧克力碎。

5 每次取约20g的面糊放到铺好烘焙纸的烤盘上，用手轻轻按压成型，在预热至175℃的烤箱中烤12~15min就完成了。

Tips

食材不同，做成的曲奇口感和味道也会有差异。我最喜欢的就是这款绿茶巧克力曲奇。不甜，在嘴里细细咀嚼的感觉是最棒的。若没有现成的巧克力碎，将整块巧克力切碎使用也行。

NO!
黄油

黑芝麻曲奇
★☆☆

这款曲奇不仅美味，而且营养又健康。尝尝这种与众不同的味道吧！

直径4cm
15个

低筋面粉80g，杏仁粉40g，盐少量，葡萄籽油30g，黑芝麻20g，砂糖30g（额外准备一些用于涂抹面团）

搅拌碗，筛子，刮刀，垫纸，烘焙纸，烤盘，刀

170℃ 15~20min

1h30min
（包括放在冷冻室的1h）

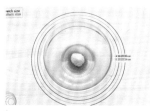

1　在葡萄籽油中放入砂糖拌匀。

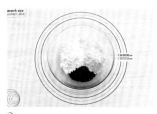

2　放入提前筛好的低筋面粉、杏仁粉、盐和黑芝麻，搅拌均匀。

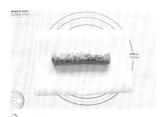

3　团成面团后，捏成圆柱形。

4　用垫纸包好，放入冷冻室冷冻1h。

5　从冷冻室里拿出圆柱形面团，在表面均匀地撒上砂糖。

6　切成0.5~0.7cm厚的圆饼。

7　将饼干坯间隔一定距离放在铺好烘焙纸的烤盘上，在预热至170℃的烤箱里烤15~20min就完成了。

Tips　做圆形曲奇时，借用保鲜膜的芯操作很简单。用垫纸包好圆柱形面团，放到保鲜膜的芯中，在保鲜膜的芯中上下敲打，使其没有空隙，这样做成的圆柱形面团光滑完整。

黑麦巧克力曲奇
★☆☆

加入了黑麦粉，能够感受到轻微粗糙的酥脆口感。

低筋面粉70g，黑麦粉50g，无糖可可粉30g，砂糖30g，泡打粉4g，蜂蜜15g，鸡蛋1/2个，芥花籽油30g，白巧克力笔1根

直径5cm 25个

 搅拌碗，打蛋器，筛子，刮刀，擀面杖，饼干模具，烘焙纸，烤盘，冷却网，保鲜膜

 180℃ 8~10min

 50min（包括放在冷藏室的20min）

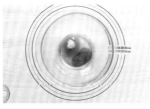

1 在芥花籽油中放入砂糖和蜂蜜，搅拌后放入鸡蛋。

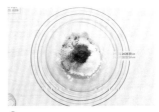

2 放入提前筛好的低筋面粉、黑麦粉、泡打粉、无糖可可粉，搅拌好后用保鲜膜包好，放在冷藏室里醒20min。

3 把醒好的面团用擀面杖擀成0.2~0.3cm厚的面片。

4 用圆形的饼干模具刻出形状。

5 将饼干坯放在铺好烘焙纸的烤盘上，在预热至180℃的烤箱中烤8~10min。

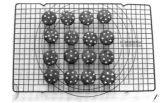

6 烤好后放在冷却网上，等完全冷却后用白巧克力笔在上面点点就完成了。

 若没有巧克力笔，可以把从市场上买来的白巧克力或者草莓味巧克力熔化后装到裱花袋中使用。

地瓜华夫饼
★☆☆

全麦的香醇和地瓜本身的香甜融合在一起，就好像盛满了温暖的秋日阳光，散发着温暖。在休息的时候，准备好一杯茶，悠闲地享受早午餐也不错。

地瓜200g，鸡蛋1个，葡萄籽油10g，粗砂糖20g，龙舌兰糖浆10g，全麦面粉40g，泡打粉4g，牛奶1大勺

4–5个

  搅拌碗，打蛋器，筛子，华夫饼模具，刷子

用中弱火前后各烤5min

 30min

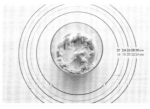

1 把地瓜提前蒸好或烤好后剥皮碾成泥。

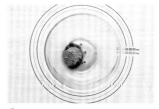

2 在搅拌碗中放入葡萄籽油和粗砂糖、龙舌兰糖浆，好好搅拌。

3 放入鸡蛋搅拌。

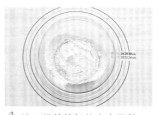

4 放入提前筛好的全麦面粉、泡打粉搅拌。

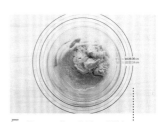

5 放入碾成泥的地瓜搅拌。

如果面糊太黏稠，放1大勺牛奶较好。

6 在华夫饼模具上轻轻刷上葡萄籽油。

7 在煤气灶上烧热华夫饼模具后放入面糊，两面均匀地烤熟就完成了。

Tips

若没有华夫饼模具，在平底锅上烤，像吃薄煎饼一样也不错。
地瓜选择外表较圆润的好，避免使用表皮太红或者表皮一部分已经变黑的地瓜。

2

每天吃也吃不腻的健康面包

随着年龄的增长，喜好和口味也在变。

小时候无条件地喜欢甜甜的味道，现在首先注重的是健康。

曾经爱吃的面包大部分是放糖浆或砂糖的，味道很甜。

但是不知道从什么时候开始，我渐渐喜欢上了清淡爽口的面包。

尽可能地减少使用动物性食材，利用时令的新鲜食材做的面包，就算每天吃也不会有负担。

我将在本章中向大家介绍以下面包的做法。

南瓜普尔曼方吐司：像某个秋日的早晨一样阳光灿烂

全麦蓝莓贝果：嚼一嚼，咯吱咯吱响，香喷喷的味道蔓延开来

巧克力卷：软软的，让人总想吃个不停

黑橄榄迷你面包：放入了好多具有预防肿瘤效果的黑橄榄

芝士小面包：没有胃口的时候，吃一口就能精神起来

灯笼椒面包：散发着天然色素的光芒

芝麻椒盐卷饼：越嚼嘴里越香

洋葱面包：用米粉制成，当作早餐相当不错

南瓜普尔曼方吐司
★★☆

面包被染成了美丽的黄色，看着便让人口水直流。在忙碌的早晨当作主食很不错。

普尔曼
方吐司2个

高筋面粉300g，盐3g，速溶干酵母6g，甜南瓜150g，蜂蜜20g，葡萄籽油20g，温水100g

面包机，普尔曼方吐司模具，筛子，擀面杖，保鲜膜

 180℃ 20~25min

  3h10min

若没有面包机，面团揉15~20min以后，放在室温下进行第一次40~60min的发酵。

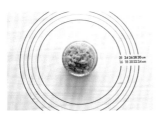

1 甜南瓜提前煮好，去皮碾成泥。

2 在面包机中放入温水、葡萄籽油、筛好的高筋面粉、盐以及蜂蜜，在上面撒上速溶干酵母，挖个槽把南瓜泥放进去，开始和面，一直到第一次发酵结束。

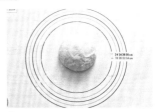

3 揉成圆面团后用保鲜膜包好，进行15min的中间发酵。

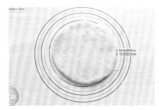

4 用擀面杖擀面团，排除气泡。

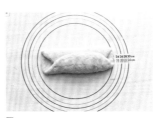

5 把面片的两边向中间折叠，折成3折。

6 把面团卷起来，仔细捏好收尾部分。

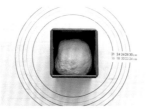

7 接口处向下放入普尔曼方吐司模具里，用保鲜膜盖好。

8 进行第二次发酵，直到面团发到上面距离模具口还有1cm左右，约40min。

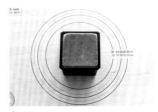

9 盖上盖子，在预热至180℃的烤箱中烤20~25min就完成了。

普尔曼方吐司是用带盖子的面包模具烤的四方形的美式面包。这种模具是仿照19世纪后半叶美国发明家乔治·普尔曼发明的火车车厢而创制的，在现有的面包模具上盖上盖子，非常适合做三明治面包。

NO!
黄油

全麦蓝莓贝果
★★☆

味道香喷喷、口感筋道、风味独特的贝果，制作它的秘诀就是在烤之前先用沸水将成形的面团略煮一下。抹上果酱或奶油、奶酪吃，或者在刚烤出来的时候直接吃都很美味。

4个
高筋面粉200g，全麦面粉100g，砂糖10g，盐5g，速溶干酵母4g，温水185g，冷冻的蓝莓1把，苏打3g，扑撒用粉适量

面包机，保鲜膜或棉布，擀面杖，垫纸，锅，锅铲，烤盘

 200℃ 15~18min

 3h15min

1 在面包机中按顺序放入温水、盐、高筋面粉、全麦面粉、砂糖、速溶干酵母，开始和面。

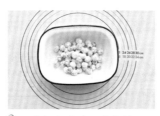

2 这期间把冷冻的蓝莓粘上面粉，除掉水分。

3 和好面后，把面团从面包机中拿出来，放入蓝莓再揉一次后，包好保鲜膜，进行1h左右的第一次发酵。

4 第一次发酵结束后把面团分成4等份揉成圆团，用保鲜膜盖好，进行10min左右的中间发酵。

5 撒上扑撒用粉，用擀面杖把面团擀成长圆形。

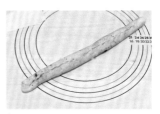

6 将面团卷起，将边缘处捏紧，用手掌心均匀地将面团搓成25cm左右长的细面棍。

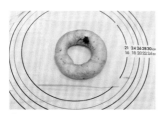

7 弯曲成甜甜圈的形状，面棍的一端打开，将另一端插入，捏好接缝部分。每个捏好的面圈都放到剪好的垫纸上，用保鲜膜盖好，进行40min的第二次发酵。

8 在沸水中放入苏打后把面圈上下两面各焯水30s。

9 去除表面水分，马上放入烤盘，在预热至200℃的烤箱中烤15~18min就完成了。

Tips　想要做出漂亮的贝果，在第二次发酵结束后要在沸水中焯一下，然后马上去除表面水分，放入预热好的烤箱里。这样才能做出表面光滑的圆圆的贝果。

巧克力卷
★★☆

一次可以享受两种味道的巧克力卷，是非常棒的面包，因为断面很独特，所以非常受孩子的欢迎，就算作为礼物也是人气满分哦。如果吃腻了普通的面包，试试一圈一圈的巧克力卷怎么样?

2个

高筋面粉250g，全麦面粉100g，砂糖20g，盐3g，速溶干酵母5g，温水200g，无糖可可粉20g，葡萄籽油10g

面包机，保鲜膜，筛子，擀面杖，刮刀，圆形吐司模具

180℃ 25min　2h55min

...... 用手拉长面团，若能看到很多像蜘蛛网一样的面筋就可以了。

1 在面包机中按顺序放入温水、葡萄籽油、盐、高筋面粉、全麦面粉、砂糖、速溶干酵母，开始和面。

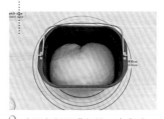

2 在面包机里进行第一次发酵。

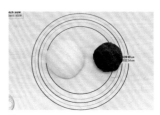

3 按压面团去除气泡后，取2/3的面团直接揉成圆团，剩下的1/3加入无糖可可粉和1大勺水，仔细揉匀后揉成圆团。用保鲜膜盖上，进行10min的中间发酵。

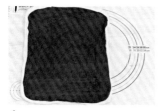

4 用擀面杖把两个面团擀成同样大小的四方形面片，把巧克力面片放在白面片上面。

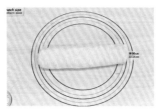

5 卷好，将边缘处捏紧。

6 把面卷放入圆形吐司模具中，用保鲜膜包好，一直发酵到面卷体积占到模具的80%左右，进行40min的第二次发酵。

7 第二次发酵结束后，盖好盖子，在预热至180℃的烤箱中烤25min就完成了。

巧克力卷的断面是重点。从烤箱中取出烤好的面包后，放在冷却网上充分冷却，然后用面包刀仔细切好。

根据喜好也可在第4步两个面片重叠的时候撒上巧克力碎、核桃碎以及蔓越莓，也很好吃。

Tips

黑橄榄迷你面包
★★☆

可以当作主食的清淡的橄榄面包，筋道、柔软。如果想要找每天吃都吃不腻的面包，我愿意推荐给你黑橄榄迷你面包。

6个 高筋面粉160g，速溶干酵母3g，砂糖20g，盐2g，葡萄籽油10g，牛奶100g，黑橄榄50g，扑撒用粉适量

 面包机，迷你磅面包模具，筛子，保鲜膜或棉布

 180℃ 20~25min　 3h

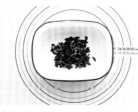

1 把黑橄榄除去水分，剁碎。

2 在面包机里依次放入牛奶、葡萄籽油、盐、高筋面粉、砂糖、速溶干酵母，开始和面，直到第一次发酵结束。

黑橄榄很快就会把面团染色，所以不要一开始就一起放进去，要在第一次发酵结束后放。

3 在经过了第一次发酵的面团里放入橄榄碎，揉成一团。

若面团较软，撒点面粉也行。

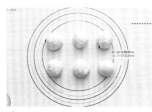

4 把面团分成6等份，揉成圆团后用保鲜膜包好，进行15min的中间发酵。

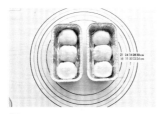

5 用手轻轻按压，去除气泡，再揉成圆团，放入迷你磅面包模具。为了不让面团表面干燥，可用保鲜膜或者湿润的棉布盖好，进行30~40min的第二次发酵。

6 面团发酵到快充满模具的时候，放入预热至180℃的烤箱中烤20~25min就完成了。

Tips 黑橄榄含有丰富的能预防肿瘤及延缓衰老的花色素苷，还含有大量能降低胆固醇的脂肪酸和维生素。另外，黑橄榄预防疾病的效果比绿橄榄强许多，常用于烘焙中。

芝士小面包
★★☆

我在去烘焙的天堂——日本旅行时，吃了芝士小面包，之后我开始第一次做面包。当时的手艺很生疏，总觉得不够完美，但是全家人都给我竖起了大拇指，无不沉醉在这香浓的芝士味道中。

高筋面粉250g，温水140g，砂糖20g，盐1撮，椰子油25g，速溶干酵母6g，芝士碎140g

16个

面包机，保鲜膜或棉布，擀面杖，烘焙纸，烤盘

 190℃ 15min　2小时50min

高筋面粉提前筛好备用。若没有椰子油，放葡萄籽油或葵花籽油也行。

1 在面包机中依次放入温水、椰子油、盐、高筋面粉、砂糖、速溶干酵母，进行和面，直到第一次发酵结束。

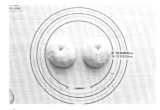

2 把面团分成2份，按压去除气泡后揉圆，用保鲜膜包好后醒10min。

3 把每个面团用擀面杖擀薄。

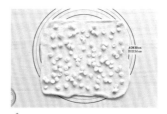

4 在每个面饼上面均匀地撒上70g芝士碎。

5 从边上开始仔细卷好，捏好相接的边缘部分，切成7~8等份。

6 两个面团都做好后，放到铺好烘焙纸的烤盘上。为了不让面团干燥，盖上保鲜膜，进行30~40min的第二次发酵。发酵好后放入预热至190℃的烤箱中，烤约15min就完成了。

 在炎热的夏季，放在常温中发酵就行，但是在寒冷的冬季，可以在微波炉中放入一小碗水加热1min，待微波炉内部变热后，把面团放入其中发酵。

灯笼椒面包
★★☆

放入大量的灯笼椒，充满蔬菜的特有滋味。希望你也能感受到内里润泽柔软，总是让人没办法放手的健康面包的魅力。

 高筋面粉240g，砂糖20g，盐3g，速溶干酵母4g，灯笼椒170g，牛奶10g，葡萄籽油20g，在面团上撒的面粉适量

4个

 面包机，搅拌机，保鲜膜或棉布，搅拌碗，筛子，擀面杖，烘焙纸，烤盘，刀

 190℃ 12~13min

 2h55min

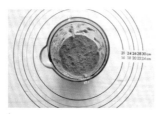

1 把灯笼椒洗干净，除掉表面水分后磨碎。

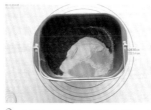

2 在面包机中放入葡萄籽油、牛奶、高筋面粉、盐、砂糖、速溶干酵母和粉碎的灯笼椒，和面。

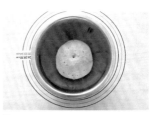

3 面团变光滑后放入搅拌碗里，盖上保鲜膜，放在温暖的地方开始第一次发酵。

4 当体积变成原来的1.5~2倍时发酵完成，约发酵1h。

5 把面团分成4等份，用保鲜膜盖好，进行15min的中间发酵。

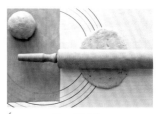

6 面团用擀面杖擀薄。

7 卷好后，捏紧相接的边缘部分。

8 放在铺好烘焙纸的烤盘上，为了表面不干燥，盖上保鲜膜进行45min的第二次发酵。

9 在第二次发酵结束后，在面团表面撒上面粉，在面团上划好刀口，然后放入预热至190℃的烤箱中烤12~13min就完成了。

 比起用黄色或橘黄色的灯笼椒来说，用红色的灯笼椒，制得的面包的颜色更深，更好看。

NO!
黄油

芝麻椒盐卷饼
★★☆

表面酥脆、内里筋道，清淡香醇的芝麻椒盐卷饼，现在试试在家用自己的方式制作吧！

低筋面粉200g，橄榄油10g，砂糖25g，速溶干酵母4g，椒盐粉4g，温水100g，牛奶适量，黑芝麻适量，白芝麻适量

5个

面包机，保鲜膜，牙签，擀面杖，烘焙纸，刷子，烤盘

200℃ 13~15min

2h30min

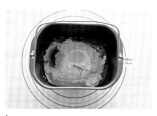

1 在面包机中依次放入温水、橄榄油、椒盐粉、筛好的低筋面粉、砂糖、速溶干酵母，和面。

2 为了不让面团干燥，用保鲜膜盖好，在上面用牙签扎几个孔。

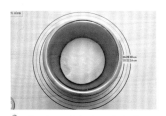

3 进行第一次发酵，约发酵1h，直到体积变成原来的1.5~2倍大。

4 第一次发酵后用手按压，去除气泡，分成4~5等份，揉圆，用保鲜膜盖好，进行15min的中间发酵。

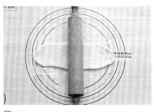

5 中间发酵后，再用手掌心按压除一次气泡，用擀面杖将面团擀成长面片。

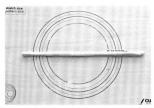

6 卷好面片，把相接的部分捏紧，用两个手心搓成长棍，40~50cm长就可以了。

7 把搓长的面棍做成如图的样子。

8 把两头放在圆形部分上面，捏紧相接的部分。

9 把做好的椒盐卷饼放在铺好烘焙纸的烤盘上，盖好保鲜膜，放在常温中进行20min的第二次发酵。

10 在表面稍微淋上牛奶，撒上满满的白芝麻和黑芝麻，放在预热至200℃的烤箱中烤13~15min就完成了。

 Tips

　　椒盐卷饼是意大利的一个修道士最先做的，根据小孩子合十双手祈祷的样子，把面包打结制作而成。因为是给祈祷或者背诵《圣经》的孩子们作奖励的，所以名字是从拉丁语"pretiola"得来的，意为"小小的补偿"。我们现在常见的椒盐卷饼是美国式的，有裹上盐、芝士等强调咸味的，也有裹上砂糖、巧克力、焦糖等充满甜甜味道的。

洋葱面包
★★☆

早上不能好好吃饭的朋友是不是有很多？用这款洋葱面包当早餐也不错，没有负担还能填饱肚子。另外，这款面包作为孩子放学后的零食也不错呢！

直径12cm
6个

高筋米粉200g，橄榄油30g，砂糖20g，速溶干酵母5g，盐3g，温水130g，洋葱1个，灯笼椒1/2个，培根4条，马苏里拉奶酪100g，番茄酱适量

酱汁 蛋黄酱4大勺，芥末酱2大勺，蜂蜜1大勺

面包机，搅拌碗，小碗，刀，勺子，保鲜膜或棉布，烘焙纸，烤盘

  180℃ 12~15min

 2h

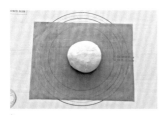

1　在面包机中依次放入温水、橄榄油、盐、高筋米粉、砂糖、速溶干酵母，和面，不用进行第一次发酵，直接拿出来揉成团。

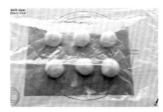

2　用手按压去除气泡后分成6等份，揉成圆团，然后用保鲜膜盖好，醒20min。

3　这期间把培根烤好，切成适当大小。把一个洋葱的1/3切碎，剩下的2/3切丝。灯笼椒也切碎备用。

4　在小碗里把所有的酱汁都放进去，好好搅拌。

5　在醒好的面团中放入切碎的洋葱和灯笼椒，揉匀。用擀面杖轻轻擀压排除气泡后，盖好保鲜膜发酵40min。

6　在发酵好的面饼上抹上酱汁。

7　在上面撒上切成丝的洋葱和烤脆的培根。

8　撒上马苏里拉奶酪和番茄酱，在预热至180℃的烤箱中烤12~15min就完成了。

Tips　这款面包用了比面粉营养更丰富的米粉。用米粉做面包的时候，一定要用高筋米粉才能做出面包的特有口感。高筋米粉在烘焙店很容易就能买到。

3

色香味俱全的蛋糕

本章教你制作色香味俱全、能深深把人吸引住的蛋糕。

你可以亲自给家人和朋友烤制这些蛋糕，表达浓浓的爱意。

树莓慕斯蛋糕：拥有像红宝石一样的色泽，让人怦然心动

南瓜迷你磅蛋糕：颜色漂亮，有益身体健康

无花果玛芬蛋糕：烤制的时候，香甜的气味弥漫整个厨房

豆腐巧克力布朗尼：低热量，口感柔软

紫苏玛德琳蛋糕：充满了紫苏的营养

柠檬蜂蜜玛芬蛋糕：维生素含量极其丰富

红薯蒙勃朗：红薯的味道浓郁香甜

水果比司吉蛋糕卷：满满的新鲜水果，让人垂涎欲滴

树莓慕斯蛋糕
★★☆

甜甜的树莓酱和香香的奶油奶酪组合而成的慕斯蛋糕，白白的原味芝士慕斯和可爱的粉红色树莓慕斯，与像宝石一样闪耀的树莓浆层层叠加，是一款让人的眼睛和嘴巴都清爽的甜点。

直径 12cm 2个

海绵蛋糕1个

树莓芝士慕斯 奶油奶酪60g，树莓酱40g，鲜奶油35g，砂糖5g，原味酸奶15g，食用明胶2g

原味芝士慕斯 奶油奶酪60g，鲜奶油35g，砂糖10g，原味酸奶15g，柠檬汁1小勺，食用明胶2g

树莓浆 树莓酱80g，砂糖25g，水30g，食用明胶2g

装饰 树莓、苹果、薄荷叶各适量

慕斯圈，搅拌碗，打蛋器，筛子，垫纸，手动搅拌器，煮锅里用的碗，刮刀，托盘，热毛巾

180℃ 20~25min（海绵蛋糕）

4h10min（包括烤海绵蛋糕的时间和在冷冻室成型的时间）

海绵蛋糕的烤法请参照第10页。

1 把海绵蛋糕按照慕斯圈的大小切好。

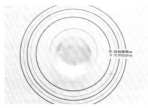

2 把食用明胶放在冷水里泡5分钟。

3 在碗里放入奶油奶酪和砂糖，轻轻搅拌。

4 放入原味酸奶和树莓酱，好好搅拌。

5 将泡好的明胶使劲挤出水分后放入碗中，取出一部分树莓糊在微波炉中加热5s后，再放回树莓糊中好好搅拌。

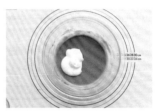

6 放入70%~80%打发程度的鲜奶油快速搅拌制成树莓芝士慕斯。

7 在铺好垫纸的托盘上放上慕斯圈，在慕斯圈的底部放上海绵蛋糕切片，在上面倒上树莓芝士慕斯后，放在冷冻室里成型40min。

8 这段时间用同样的方法制作原味芝士慕斯。

9 在树莓芝士慕斯上倒入原味芝士慕斯，整理好上层表面后再次放入冷冻室成型。

10 在煮好的树莓酱中放入砂糖以及用凉水泡好的明胶，让它们熔化。之后放入定量的水好好搅拌，制成树莓浆，放凉待用。

11 在原味芝士慕斯上面倒入树莓浆，再次放入冷冻室成型2h左右。

12 用热毛巾轻轻除掉慕斯圈，用树莓、苹果、薄荷叶装饰好就完成了。

Tips

可以使用市场上卖的树莓酱，也可以把新鲜的树莓冷冻后搅碎，放入砂糖，熬制成树莓酱。

食用明胶在维持蛋糕硬度和保持形状的时候非常必要。因为在热水中会溶解，所以一定要用凉水泡5min，在将其放入食材中时，一定要充分挤出水分后再使用。

南瓜迷你磅蛋糕
★☆☆

美味和健康哪个也不能放弃！放入多多的甜南瓜，减少砂糖的使用量，用低热量的植物油代替黄油，美味升级，热量低！

迷你磅
面包2个

甜南瓜200g，葡萄籽油50g，黄砂糖60g，盐1撮，鸡蛋1个，低筋面粉125g，泡打粉3g，香草香精1小勺

  搅拌碗，保鲜膜，磅蛋糕模具，打蛋器，筛子，刮刀，烤盘，刀

 180℃ 20~25min   40min

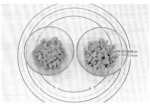

1 把100g甜南瓜切成1cm大小的块备用。剩下的100g甜南瓜中放入10g黄砂糖，在微波炉中加热90s，趁热剥皮后碾成泥。

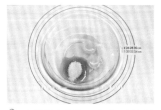

2 在搅拌碗中放入鸡蛋、剩余的黄砂糖、葡萄籽油、盐搅拌。

3 放入香草香精和南瓜泥继续搅拌。

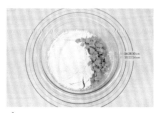

4 放入提前筛好的低筋面粉和泡打粉，放入切碎的南瓜块搅拌均匀。

5 用刮刀一直均匀地搅拌，直到看不见生面粉。

开始烤10min后，用刀在中间部分划上一长条，会形成漂亮的裂纹。

6 在磅蛋糕模具中抹上葡萄籽油，两个模具中各倒入一半面糊，等到面糊发到模具的80%左右时，敲击模具底部去除气泡。将蛋糕坯放入预热至180℃的烤箱中烤20~25min就完成了。

 甜南瓜很硬，不容易切开，还有可能会切到手。在微波炉中加热2min左右再切比较容易操作。

无花果玛芬蛋糕
★ ☆ ☆

干无花果比新鲜无花果更甜、更有嚼头，所以在烘焙中常用。烤的时候弥漫了整个厨房的香甜气味让人觉得很幸福。

4~5个

葡萄籽油40g，砂糖60g，低筋面粉100g，杏仁粉50g，泡打粉2g，蜂蜜30g，干无花果55g，杏果酱适量，朗姆酒适量

  搅拌碗，打蛋器，筛子，刮刀，保鲜膜，纸玛芬模具，刷子，烤盘

 180℃ 20~23min

1h10min
（包括放在冷藏室的30min）

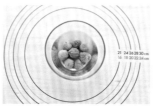

1 把干无花果提前用朗姆酒泡10分钟，然后滤干，把其中两个切成两半，剩下的切碎。

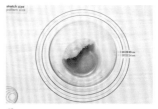

2 在搅拌碗中放入葡萄籽油、砂糖、蜂蜜，搅拌到砂糖溶化。

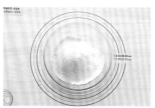

3 放入筛好的低筋面粉、杏仁粉、泡打粉，搅拌至看不见生面粉。

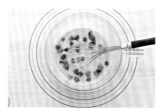

4 把切碎的无花果放入面糊中，搅拌均匀后盖好保鲜膜，放入冷藏室30min。

5 在纸玛芬模具中放入占模具体积80%左右的面糊，在预热至180℃的烤箱中烤20~23min。

6 在玛芬蛋糕表面刷上一层薄薄的杏果酱，放上切开的无花果就完成了。

在烘焙的时候放入有嚼劲的半干无花果比放全干的无花果口感更好。干无花果用温水或朗姆酒泡一下再用较好。如果没有时间，也可以放在温水中，然后在微波炉中稍微加热一下，马上就会变软。

豆腐巧克力布朗尼

★☆☆

不用担心高热量！不放鸡蛋和黄油，也能做出筋道好吃的布朗尼。放入大量的健康食材，不甜又好吃的豆腐巧克力布朗尼，尝一次就忘不掉。

迷你
布朗尼6个

黑巧克力100g，豆腐150g，牛奶50g，葡萄籽油20g，低筋面粉100g，香草香精1小勺，泡打粉2g，砂糖30g，玉米低聚糖10g，盐1g，无糖可可粉20g，长山核桃仁6个

 搅拌碗，煮锅里用的碗，搅拌机，筛子，刮刀，垫纸，布朗尼模具

 180℃ 20min   35min

1 把黑巧克力在煮锅里隔水熔化。

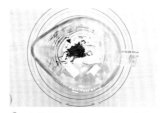

2 在搅拌机中放入豆腐、牛奶、葡萄籽油、熔化的黑巧克力、无糖可可粉、香草香精搅拌均匀。

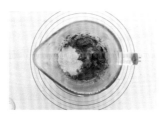

3 放入砂糖、盐以及玉米低聚糖，再搅拌一次。

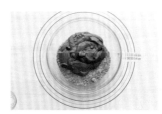

4 把筛好的低筋面粉、泡打粉分三次放入，搅拌。

5 在垫好垫纸的布朗尼模具中倒入面糊，中间放上长山核桃仁，在预热至100℃的烤箱中烤20min就完成了。

Tips 熔化巧克力的时候一定要隔水熔化或者用微波炉熔化。若直接在火上熔化，则巧克力马上就会糊掉，从而失去其特有的香甜味道，只剩下苦涩的味道了。

紫苏玛德琳蛋糕
★ ☆ ☆

玛德琳是用鸡蛋、面粉、黄油、砂糖和成面糊后用贝壳状的模具烤制成的法国风味小甜点。我用葡萄籽油代替了黄油，使用玉米低聚糖减少了砂糖的使用量，放入了大量有助于头脑发育的紫苏粉，不仅风味独特，还非常健康。作为小朋友的零食、大人的茶点，非常合适。

18-20个
低筋面粉100g，杏仁粉20g，泡打粉2g，砂糖30g，玉米低聚糖20g，鸡蛋2个，葡萄籽油40g，紫苏粉30g，烘焙脱模油少量

 搅拌碗，打蛋器，筛子，保鲜膜，模具，刷子

 160℃ 12min

 50min（包括放在冷藏室的30min）

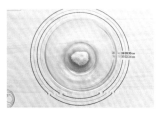

1 在葡萄籽油中放入砂糖和玉米低聚糖，好好地搅拌。

2 放入鸡蛋，搅拌到没有疙瘩为止。

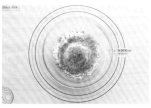

3 放入筛好的低筋面粉、杏仁粉、泡打粉和紫苏粉，搅拌好后，盖上保鲜膜放入冷藏室30min。

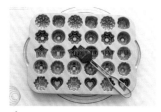

4 在模具上仔细刷好烘焙脱模油。

5 让面糊装满模具的70%~80%，在预热至160℃的烤箱中烤12min就完成了。

Tips　在将玛德琳面糊倒入模具前，一定要在模具上涂抹好烘焙脱模油，烤好以后才能完整地将蛋糕从模具中分离出来。家庭自制的烘焙脱模油是由玉米淀粉和葡萄籽油或芥花籽油等植物油按照1∶4的比例混合而成的，不添加任何添加剂，需要多少做多少，及时使用比较好。

柠檬蜂蜜玛芬蛋糕
★☆☆

散发着清新怡人的柠檬香，让身体和心灵同时清爽的玛芬蛋糕，在没有胃口也没有精神的时候，能让你迅速恢复活力。

直径10cm
3个

低筋面粉60g，泡打粉4g，砂糖35g，蜂蜜40g，鸡蛋2个，葡萄籽油40g，盐1撮，杏仁粉60g，鲜柠檬适量

 搅拌碗，打蛋器，筛子，保鲜膜，纸玛芬模具，烤盘

 180℃ 20~23min   1h （包括放在冷藏室的30min）

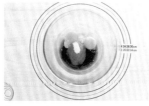

1 在搅拌碗中放入鸡蛋、蜂蜜、砂糖、葡萄籽油，搅拌至砂糖溶化。

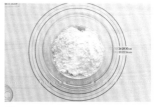

2 放入筛好的低筋面粉、泡打粉、杏仁粉，搅拌至没有生面粉。

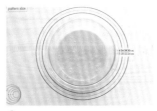

3 盖好保鲜膜放在冷藏室中30min。

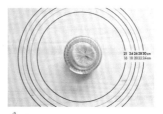

4 将鲜柠檬切片后放入一个空碗中，加入蜂蜜，腌制。

5 在模具中放入80%左右的面糊，每个模具中的面糊上面放一片腌制好的柠檬，在预热至180℃的烤箱中烤20~23min就完成了。

Tips

鸡蛋里加入砂糖，充分搅拌让空气进入，这样制成的蛋糕才暄软好吃。
玛芬蛋糕做好后放在密封的容器里放置一天左右再食用，口感及味道都更好。

NO!
黄油

红薯蒙勃朗
★★☆

这道甜品的名字由阿尔卑斯山的最高峰——勃朗峰而来。蒙勃朗蛋糕一般要用到栗子酱，但是今天我要用的是吃到嘴里绵软香甜的红薯酱。这道甜品最适合在阳光灿烂的秋天食用。

 1cm厚的海绵蛋糕1个，奶油奶酪100g，核桃碎30g，龙舌兰糖浆适量

红薯奶油 红薯350g，鲜奶油150g，蜂蜜30g，桂皮粉适量

装饰 熟红薯小块、薄荷叶各适量

 直径10cm 7个

搅拌碗，手动搅拌器，筛子，刮刀，圆形饼干模具，裱花袋，蒙勃朗花嘴或其他花嘴，刀

 180℃ 20~25min　🕐 1h10min（包括烤海绵蛋糕的时间）

1 红薯煮熟，趁热剥皮碾成泥。

2 放入蜂蜜和桂皮粉搅拌。

3 轻轻地把鲜奶油打发到八成。

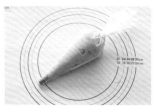

4 把鲜奶油放入红薯泥中搅拌好后，装入戴好花嘴的裱花袋里。

也可以用水杯代替饼干模具。

5 用直径10cm的圆形饼干模具切割海绵蛋糕。

6 在海绵蛋糕上面抹上拌有龙舌兰糖浆和核桃碎的奶油奶酪。

7 在上面挤上做好的红薯奶油，用熟地瓜小块和薄荷叶装饰好就完成了。

Tips 　　在日本，蒙勃朗的人气很高，它的种类非常多，可以用甜南瓜或红薯代替栗子，还可以放水果和坚果，也有放可可粉和绿茶粉的。

水果比司吉蛋糕卷
★★☆

在清风微拂的春天，悠闲地喝着茶，再配上一块蛋糕，想想就很幸福。暄软的比司吉卷着一圈圈的鲜奶油和水果，这种诱惑有谁能挡得住？

比司吉 低筋面粉45g，玉米淀粉5g，砂糖50g，鸡蛋2个，糖粉适量
馅 鲜奶油200g，砂糖20g，什锦水果适量

搅拌碗，手动搅拌器，筛子，刮刀，直径1cm的圆形花嘴，裱花袋，垫纸，烤盘，冷却网

180℃ 12~13min

1h50min
（包括放在冷藏室成型的时间）

蛋白霜的制作方法参考第101页。

1 将鸡蛋的蛋黄与蛋清分离。在鸡蛋清中加入砂糖，打成能够拉出笔直尖角的硬性的蛋白霜。

2 放入鸡蛋黄轻轻搅拌。

3 放入筛好的低筋面粉、玉米淀粉，用刮刀画大圆，轻轻搅拌。

这时要小心，不要让泡沫消失，要均匀搅拌。

4 在戴好直径1cm的花嘴的裱花袋中装入面糊，在铺好垫纸的烤盘中挤出斜线，在上面筛撒上糖粉后，在预热至180℃的烤箱中烤12~13min。

5 这期间，把什锦水果用筛子滤除水分。

6 在鲜奶油中放入砂糖，将鲜奶油打发完全。

这时，比司吉四边要留有1~1.5cm的距离后再涂抹奶油，这样卷的时候就不会有奶油溢出来了。

7 把烤好的比司吉从烤箱中拿出来，脱模冷却，冷却后把打发好的鲜奶油均匀地抹在上面。然后在上面放上什锦水果。

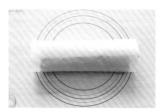

8 用垫纸把比司吉卷好，就保持垫纸卷好的样子放入冷藏室1h，成型后就完成了。

Tips 根据放入的辅料不同，比司吉蛋糕卷也有各种各样的变化，在面糊里放入红茶粉或绿茶粉也很不错，在鲜奶油中掺入树莓酱或芒果酱也非常好吃。

4

食材健康的蛋挞和派

做烘焙的时候，比起自己得到的快乐，给予他人的幸福更让人心里温暖。
看着吃得开心的家人和朋友，就算熬夜做烘焙，也不会觉得累，而是感觉幸福。
能够根据人们的口味来制作健康的甜品，不正是家庭烘焙最大的优点吗？

树莓迷你派和苹果派：充满了天然水果味，给喜欢甜味的妈妈

蛋挞：送给闺蜜，作为蜜月旅行的礼物

橘子派：满口蜜橘的甜爽味道，是给婆婆的最佳礼物

肉馅派：营养丰富，给处在发育期的侄子

还有我最爱吃的**迷你坚果派**

西蓝花虾仁乳蛋派：给不喜欢吃蔬菜的老公

树莓迷你派
★☆☆

像红宝石一样美丽的树莓，想放多少就放多少。在夏季，新鲜的树莓格外吸引人。时令的特点让树莓显得非常特别。

迷你派皮 低筋面粉180g，杏仁粉20g，糖粉20g，盐2g，葡萄籽油20g，凉水30g

直径9cm
4个

馅 奶油奶酪200g，砂糖50g，鸡蛋2个，牛奶60g，玉米淀粉15g，柠檬汁1小勺，香草香精1小勺，树莓适量

搅拌碗，打蛋器，筛子，刮刀，擀面杖，叉子，圆形迷你派模具，烤盘

 160℃ 20min

 1h20min
（包括放在冷藏室的**30min**）

1 用准备好的食材制作迷你派面团。把醒好的迷你派面团用擀面杖擀成0.2~0.3cm厚度的薄片。

迷你派面团的制作方法参考第11页。

2 把擀好的面片铺到迷你派模具上，用擀面杖整理表面。周围用手紧紧按压。

3 用叉子在底部扎上气孔。

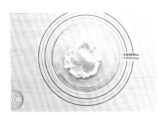

4 奶油奶酪放在室温中软化，加入砂糖轻轻地搅拌。

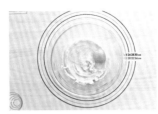

5 放入鸡蛋搅拌。

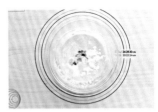

6 放入牛奶、玉米淀粉、柠檬汁、香草香精搅拌。

7 向迷你派模具中倒入80%左右容量的馅，在预热至160℃的烤箱中烤20min后充分冷却。吃之前放上树莓就完成了。

蛋挞
★☆☆

蛋挞是在脆脆的酥皮中放入蛋奶液制成的，不甜，吃起来也没有负担。它虽然没有什么特别之处，但是却拥有让人欲罢不能的味道。

 蛋挞皮 低筋面粉160g，杏仁粉20g，葡萄籽油25g，凉水15g，糖粉30g，盐2g，鸡蛋1/2个

12个 **馅** 鸡蛋黄2个，砂糖40g，盐2g，鲜奶油50g，水80g，香草香精1小勺

 搅拌碗，打蛋器，筛子，刀，保鲜膜或保鲜袋，擀面杖，圆形饼干模具，玛芬蛋糕模具，叉子，刷子

🔲 180℃ 20~25min

 1h30min （包括放在冷藏室的**30min**）

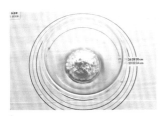

1 在搅拌碗里放入凉水、葡萄籽油、糖粉、盐，搅拌均匀。

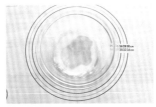

2 放入鸡蛋，搅拌至没有疙瘩。

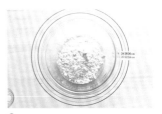

3 放入筛好的低筋面粉和杏仁粉，轻轻搅拌。

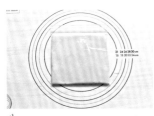

4 将做好的面团用保鲜膜包好或者装在保鲜袋中，放在冷藏室中醒30min。

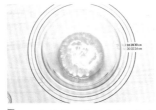

5 这期间做馅，在两个鸡蛋黄中放入鲜奶油和盐，搅拌均匀。

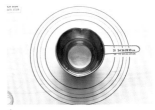

6 在80g的水中加入砂糖，煮好后冷却。

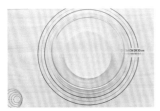

7 在第5步中做好的蛋奶液中加入第6步制好的糖水和香草香精，充分搅拌。

8 醒好的面团用擀面杖擀成0.2~0.3cm厚的面饼，用饼干模具刻出圆形。

9 在玛芬蛋糕模具中放好面片，用叉子在底部扎几个孔。

10 倒入80%左右容量的馅，放入预热至180℃的烤箱中烤20~25min就完成了。

Tips　派或者蛋挞的面皮绝对不要揉很长时间。面团筋道是因为含有面筋，若形成的面筋过多，蛋挞皮的酥脆感就减少了。用奶油抹刀或刮刀轻轻搅拌制成面团，效果较好。

NO! 黄油

苹果派
★★☆

像咬脆脆的苹果一样，酸酸甜甜的味道渲染了整个派。可以向你保证的是，自制的苹果派与买来的苹果派相比，味道绝对令人惊喜。

派皮 低筋面粉160g，葡萄籽油40g，水50g，盐2g，牛奶（抹在派的表面）适量

12个
馅 苹果2个，砂糖160g，柠檬汁2大勺

搅拌碗，打蛋器，筛子，保鲜袋，刮刀，擀面杖，叉子，派模具，锅，刷子，烘焙纸，烤盘

200℃ 15~20min

1h30min
（包括放在冷藏室的30min）

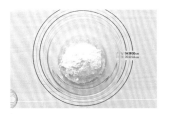

1 在葡萄籽油中加入盐，好好搅拌后放入筛好的低筋面粉，倒入水，搅拌至看不见生面粉。

2 把面团放入保鲜袋后，放在冷藏室醒30min。

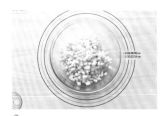

3 这期间，把苹果削皮后切成碎粒。

4 在锅里放入切碎的苹果和柠檬汁，用文火熬。

熬10min左右，让苹果变烂糊。

5 放入砂糖好好搅拌。

6 煮开后用打蛋器稍微搅打。等到水分变少、煮至黏稠时，馅就做好了。

7 在醒好的面团上撒点面粉，用擀面杖擀薄。

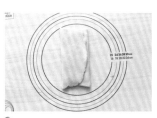

8 叠三层。

9 换个方向，再撒点面粉，用擀面杖擀好，叠三层后放在冷藏室中醒10min左右。

这一过程要重复2~3次。

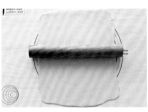

10 把醒好的面片擀得又薄又宽。

11 用派模具使劲按压，做出形状。

12 把没有花纹的面皮铺在下面，
放上2大勺苹果馅。

13 把有花纹的面皮盖在上面，两
个面皮相叠的部分用叉子使劲
按压！

14 在派上面抹上牛奶，放入预热
至200℃的烤箱中烤15~20min
就完成了。

Tips 苹果有富士、红玉、青苹果等各种各样的品种。做饼干和派的时候常用味道酸甜的红玉苹果。红玉苹果酸味较强，比较硬脆，在烘焙中使用，味道和口感都非常不错。

Plus tip

栗子果酱或栗子酱的制作方法

栗子果酱抹在面包或贝果上吃或者用来制作马卡龙的馅都很不错！

 去皮的栗子360g，水360g，砂糖120g，玉米低聚糖30g，煮栗子用的水适量

1. 把去皮的栗子，放在锅里，加入刚好没过栗子的水，煮10分钟左右。
2. 把煮好的栗子冷却后放在搅拌器中，加入等量的水，搅碎。
3. 在锅里放入搅碎的栗子、砂糖以及玉米低聚糖，用小火熬制。
4. 不要让底部焦煳，好好搅动熬制果酱。
5. 在凉水中滴入果酱，如果果酱没有散开，而是保持滴入时的原状，就做好了。
6. 把果酱装在提前消毒的瓶子中，把瓶子倒过来放置冷却后密封。

Tips

把煮好的栗子放入搅拌机中搅碎的时候，可以根据喜好搅碎到还有小颗粒的状态或者全部搅成泥使用都行。
砂糖也可以根据喜欢的口味在120~180g之间选择用量。

橘子派
★☆☆

做起来简单，味道和颜值也很棒的橘子派，看起来就让人感觉清爽。这是一款用圆圆鼓鼓、酸酸甜甜的橘子和柔软的杏仁奶油组成的水果派。

橘子400g

派皮 低筋面粉180g，杏仁粉20g，糖粉20g，盐2g，葡萄籽油20g，凉水30g，水果果酱适量

直径12cm
3个

杏仁奶油 杏仁粉40g，砂糖20g，鸡蛋清30g，原味酸奶20g，香草香精1小勺

装饰 薄荷叶、银珠各适量

搅拌碗，打蛋器，筛子，刮刀，擀面杖，叉子，派模具，刷子，烤盘

180℃ 20~25min

1h15min（包括放在冷藏室的30min）

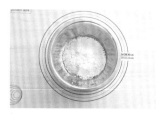

1 在搅拌碗中放入葡萄籽油和糖粉、盐好好搅拌。放入低筋面粉和杏仁粉，放入凉水搅拌好后，放在冷藏室醒30min。

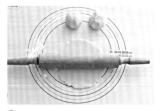

2 醒好的面团用擀面杖擀成0.2~0.3cm厚的面片。

3 紧贴着模具放好面片，上面部分用擀面杖整理干净，然后用叉子在底部扎孔。

4 在原味酸奶中放入砂糖一直打到砂糖溶化后，放入鸡蛋清和香草香精好好搅拌。

5 放入杏仁粉，搅拌至没有疙瘩，做成杏仁奶油。

6 在铺好面皮的模具中装上80%左右容量的杏仁奶油。

7 在预热至180℃的烤箱中烤20~25min。

> 我用的是橘子罐头。

8 这期间，把橘子剥皮分瓣，烤干水分。

9 将烤好的水果派放至没有蒸汽后，在表面稍微涂上没有颜色的水果果酱。

> 这是为了让橘子能够固定住，杏果酱或桃子果酱都行，蜂蜜也可以。但是一定要少量使用，均匀地涂抹开。

10 从边缘部分开始把橘子转圈摆放。

11 摆好橘子后，在上面装饰上薄荷叶和银珠等。

因为在杏仁奶油中放入了鸡蛋清，所以要尽快食用，剩下的要冷藏保存。水果派若不马上食用，为防止橘子风干，应在上面抹上萝摩酒。萝摩酒是抹在蛋糕或蛋挞上的食材，抹上后能减少空气与蛋糕的接触，防止蛋糕水分蒸发。在100g杏果酱中放入15g水和10g糖浆，煮好后过筛就制成萝摩酒了。

肉馅派
★☆☆

厌烦了千篇一律的饭菜，试试可以当作正餐的肉馅派怎么样？清淡的牛肉加上香浓的奶酪，味道十分特别。放入各种切碎的蔬菜，不仅味道不错，营养也没的说。

派皮 低筋面粉180g，杏仁粉20g，盐2g，葡萄籽油20g，凉水30g

馅 土豆2个，牛肉末200g，胡萝卜1/3根，帕玛森奶酪20g，盐2g，胡椒粉2g，牛排酱汁2大勺

其他 炒蔬菜用食用油适量，在派上面涂抹用的鸡蛋液适量

6个

搅拌碗，打蛋器，刀，平底锅，擀面杖，圆形切模，叉子，刷子，烘焙纸，烤盘

180℃ 18~20min

1h20min
（包括放在冷藏室的30min）

1 把土豆和胡萝卜切成0.5cm大小的方丁。

2 在加热的平锅中倒入食用油，翻炒土豆丁和胡萝卜丁。

3 土豆熟到一定程度的时候放入牛肉末翻炒，放入牛排酱汁、胡椒粉以及盐调味，最后撒上帕玛森奶酪。

4 用备好的食材做成派皮面团，醒发好后用擀面杖擀成薄片。

5 把面皮用直径10cm的圆形切模切出圆形。

6 在面皮上尽可能多地放上做好的馅。

7 对折，在相接的边部用叉子使劲按压。

8 在派的表面刷上鸡蛋液，放入预热至180℃的烤箱中烤18~20min就完成了。

Tips

肉馅派是将牛肉切碎，放入芝士和酱汁烤制而成的，以澳洲肉馅派最为著名。制作肉馅派时，不仅可以使用牛肉，还可以根据口味爱好使用猪肉、鸡肉、鸭肉等，也很不错。只是，肉类一定要切碎后再放入，这样不用使劲嚼，口感较好。

迷你坚果派

★☆☆

简直是香喷喷的坚果总动员！家庭烘焙最大的优点不就是可以多多地、毫不吝惜地使用新鲜的、质量好的食材吗？味道好且营养充足的迷你坚果派是男女老少都喜爱的甜品。

 直径12cm 圆形派2个，长11cm 长方形派2个

派皮 低筋面粉100g，杏仁粉20g，盐2g，葡萄籽油10g，凉水20g
馅 坚果类120g，蜂蜜25g，玉米低聚糖20g，桂皮粉适量，鸡蛋1个，鲜奶油30g

 搅拌碗，打蛋器，筛子，刮刀，擀面杖，叉子，平底锅，圆形派模具，长方形派模具，烤盘

 180℃ 35~40min

1h30min
（包括放在冷藏室的**30min**）

1 低筋面粉、杏仁粉提前筛两遍以上，备用。

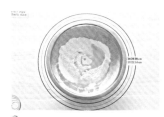

2 将面粉和杏仁粉混合，放入葡萄籽油、盐和凉水，和面，和好后放在冷藏室里醒30min以上。

3 这期间，在不放油且加热好的平底锅中放入坚果稍微翻炒后冷却备用。

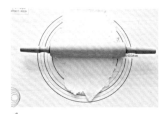

4 把醒好的面团用擀面杖擀成0.2~0.3cm厚的面皮。

5 把擀好的面皮放入派模具中整理好，仔细按压底部和边缘，用叉子在底部扎上孔。

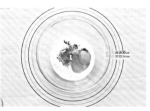

6 在搅拌碗中放入鲜奶油、鸡蛋、玉米低聚糖、蜂蜜、桂皮粉，充分搅拌。

7 在铺好派皮的模具里装上炒过的坚果。

8 把做好的馅倒入模具内，上面留有约0.5cm左右的距离，放入预热至180℃的烤箱中烤35~40min就完成了。

馅放满的话，派烤好的时候会冒出来，所以要注意。

 Tips

烤坚果派的时候，中间颜色如果太深，可以在上面盖上烹饪用锡箔纸来调节派的颜色。刚烤的时候馅会稍微鼓起，但是冷却以后就会变平。

坚果具有丰富的优质蛋白质、不饱和脂肪酸、无机盐以及维生素等，有益于身体健康。

NO!
黄油

西蓝花虾仁乳蛋派
★★☆

可以当作正餐的西蓝花虾仁乳蛋派，是在乳蛋派模具中放入各种蔬菜、海鲜、肉类等，再倒入乳蛋液烤制而成的法式派。充满各种食材的乳蛋派不仅可以作为营养零食，就是当作正餐也不错。趁着热乎乎的时候边吹边吃才对味！

派皮	乳蛋液	其他
低筋面粉180g，杏仁粉20g，盐2g，凉水30g，葡萄籽油20g，糖粉20g	鸡蛋2个，盐2g，鸡蛋黄2个，牛奶100g，鲜奶油100g，胡椒粉适量，帕玛森干酪粉30g	洋葱1个，蘑菇3个，培根3条，西蓝花50g，虾仁10个

直径19cm 1个

 搅拌碗，打蛋器，筛子，刮板，保鲜袋，擀面杖，垫纸，乳蛋派模具，叉子，压石，刀，平底锅，厨房毛巾

 180℃ 20min → 180℃ 30~35min

 1h40min
（包括放在冷藏室的30min）

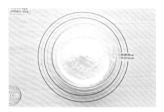

1 在搅拌碗中筛入低筋面粉、杏仁粉、盐、糖粉备用。

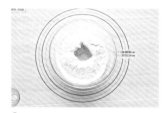

2 放入葡萄籽油搅拌。

3 边倒入凉水边用刮板切拌。

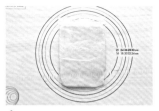

4 直到看不见生面粉的时候将面团装入保鲜袋中，按平，放入冷藏室醒30min。

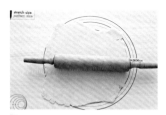

5 醒好的面团用擀面杖擀成0.2~0.3cm厚的面皮。

6 擀好的面皮放在乳蛋派模具上，上面部分用擀面杖整理干净，然后用手仔细按压底部和边缘部分，做出形状。

7 用叉子在底部扎出气孔。

8 在面皮上面垫上垫纸，在垫纸上放上压石，在预热至180℃的烤箱中烤20min。

若没有压石，用坚硬的豆子也行。

9 把烤好的乳蛋派皮稍微冷却。

10 这期间，把洋葱切丝，和蘑菇一起在烧热的锅中炒一炒。培根也切碎，在热锅里炒一下后放在厨房毛巾上去油。把西蓝花和虾仁洗干净，除去水分。

11 在搅拌碗中放入鸡蛋和鸡蛋黄，搅拌至没有疙瘩后，放入牛奶和鲜奶油搅拌均匀。

12 放入帕玛森干酪粉、盐、胡椒粉调味。

13 在烤好的乳蛋派皮上放上炒好的洋葱丝、蘑菇以及培根。

14 倒入做好的乳蛋液。

15 在上面放上西蓝花和虾仁，在预热至180℃的烤箱中烤30~35min就完成了。

Tips 可以根据里面放的食材不同做出各种不同口味的乳蛋派。可以在里面放火腿、广式香肠或萨拉米，以及西红柿、茄子、南瓜、各种蘑菇等。

Part 2

特殊日子的烘焙日历

JANUARY
期待幸福一年的1月

1

已经过了30岁，在这期间迎接了无数个新年，

但是每到1月的时候还是很激动。就像只要和别人分享幸福，幸福就会加倍一样，

在美好的日子里和家人在一起，那么幸福感就会加倍强烈。

让我们和久违了的亲人们一起分享饼干，为辛苦准备食物的妈妈做香喷喷的派，

给侄子侄女们做有趣的迷你蛋糕，在厌倦了油腻腻的节日饮食的时候做让嘴巴和心情都清

爽的慕斯蛋糕，用这些美味来迎接幸福的1月吧。

幸运饼干
★☆☆

这是放有幸运纸条的幸运饼干，幸福地迎接新年的1月，与家人们一起伴随着包含着吉祥话的幸运饼干度过一段温暖而有意思的时光吧！

12个

低筋面粉40g，鸡蛋清50g，葡萄籽油15g，糖粉15g，砂糖50g，盐1g

 搅拌碗，打蛋器，筛子，勺子，烘焙纸，烤盘，菜板

 180℃ 10min   40min

1 准备幸运纸条，在纸上写上吉祥话备用。

2 在葡萄籽油中放入鸡蛋清、盐、糖粉和砂糖。

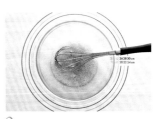

3 充分搅拌直至砂糖溶化。

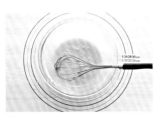

4 放入筛好的低筋面粉好好搅拌。

5 在铺好烘焙纸的烤盘上用勺子舀上面糊，做成直径约10cm的尽可能薄的圆形。

凉了立即就会变硬，做起来会很难，因此要在烤箱里快速做才行。

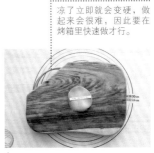

6 在预热至180℃的烤箱中烤约10min后，放上幸运纸条。

7 对折后，把两边小心地向中间合拢。

8 为了保持形状，可以稍微捏一会儿，这样幸运饼干就完成了。

Tips　也可以用平底锅代替烤箱烤饼干。

核桃派
★★☆

虽然知道坚果对健康有好处，但也总忘记吃，对吧？用对大脑有益的核桃仁做的核桃派，给孩子作零食或给成人作茶点都很适合。

直径19cm 1个

派皮 低筋面粉180g，杏仁粉20g，葡萄籽油20g，糖粉20g，盐2g，凉水30g
馅 鸡蛋1个，鲜奶油30g，香草香精1小勺，桂皮粉1大勺，核桃碎100g，黄砂糖15g，玉米低聚糖30g

搅拌碗，打蛋器，筛子，保鲜膜，派模具，擀面杖，叉子，烘焙纸，树叶状饼干模具，平底锅，冷却网

 180℃ 20~25min

 1h10min
（包括放在冷藏室的**30min**）

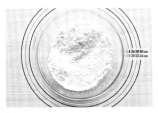

1 在筛好的低筋面粉中放入糖粉、杏仁粉、盐，搅拌好后，放入葡萄籽油搅拌成团。

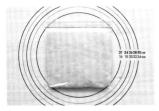

2 加入凉水轻轻搅拌后，揉成一团，压扁后用保鲜膜包好，放入冷藏室里醒30min。

3 这期间，把核桃碎在不放油的平底锅中稍微炒一炒。

4 在搅拌碗中放入鸡蛋、鲜奶油、黄砂糖、玉米低聚糖、香草香精以及桂皮粉，好好搅拌。

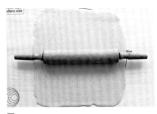

5 醒好的面团用擀面杖擀成0.3cm厚的薄饼。

6 把擀好的薄饼放在派模具上，用手仔细使劲按压底部和边缘部分，切下多余的面皮。用叉子在底部扎几下。

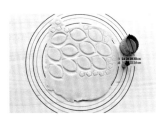

7 将切下的面皮再次揉成团，擀成薄饼，用树叶状饼干模具刻出形状。

8 在放好派皮的模具中放入核桃碎和馅。

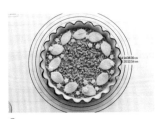

9 用树叶形状的饼干装饰在派的上面后，放入预热至180℃的烤箱中烤20~25min就完成了。

Tips 烤饼干、面包、蛋糕或派的时候，烤箱一定要充分预热到标示的温度。只有在充分预热的烤箱中按规定的时间烤制，才能保证烤出想要的形状和味道。要记住，烘焙时，预热很重要。

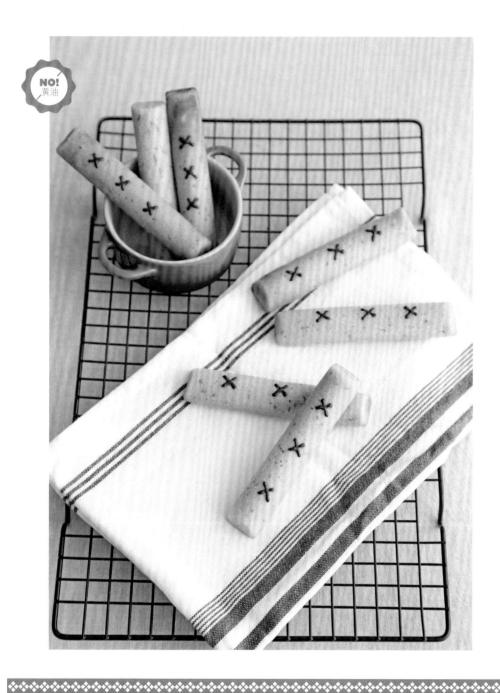

橙味棒蛋糕
★☆☆

只要尝一次就会首先沉醉于橙味棒蛋糕清香的味道中，然后沉醉于其润润的、软软的口感中，这就是橙味棒蛋糕！

 低筋面粉100g，杏仁粉20g，蜂蜜15g，砂糖15g，盐2g，鸡蛋2个，泡打粉2g，橙汁30g，橙皮15g（一个橙子的量），葡萄籽油30g，巧克力笔1根

8个

 搅拌碗，打蛋器，刨丝器，筛子，裱花袋，棒模具，刷子，冷却网

 165℃ 12~14min

1h
（包括放在冷藏室的30min）

1 橙皮和橙汁分别制备好。

2 在搅拌碗中放入鸡蛋，打散到没有疙瘩后，放入盐、砂糖和蜂蜜搅拌。

3 放入葡萄籽油、橙皮和橙汁后好好搅拌。

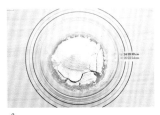

4 放入筛好的低筋面粉、泡打粉和杏仁粉。

5 均匀地搅拌至看不见生面粉。

6 把面糊装入裱花袋后绑好，放入冷藏室中30min。

每个烤箱的性能有差异。烤制的过程中可以用扦子插一下，抽出来的时候扦子上若没有粘东西，则说明熟了。

7 在棒模具上稍微刷上一点葡萄籽油，倒入80％左右容量的面糊，敲一敲底部去除气泡后，在预热至165℃的烤箱中烤12~14min。

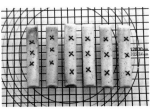

8 烤好的棒蛋糕放在冷却网上冷却，用巧克力笔画上图案就完成了。

Tips 　橙皮刮得没有残留物或杂质后用盐或烘焙用苏打粉使劲搓洗。在凉水中滴入一两滴食醋后把橙皮放在里面腌制5~10min，就可以安心地吃了。

绿茶豆粉慕斯蛋糕
★★☆

在想念春天温暖的草地的时候，用这款绿茶豆粉慕斯蛋糕来满足你的渴望吧。细腻松软的绿茶软饼、香甜微苦的绿茶慕斯、香喷喷的豆粉慕斯，它们互相融合制成了这款蛋糕。

绿茶软饼 鸡蛋2个，砂糖60g，低筋面粉55g，玉米淀粉5g，绿茶粉或抹茶粉10g，糖粉适量

绿茶慕斯 鸡蛋黄2个，砂糖30g，绿茶粉或抹茶粉15g，牛奶70g，鲜奶油130g，片状食用明胶2片

豆粉慕斯 鸡蛋黄2个，砂糖30g，豆粉20g，牛奶80g，鲜奶油120g，片状食用明胶2片

长25cm
1个

搅拌碗，手动搅拌器，筛子，刮刀，直径1cm圆形花嘴，裱花袋，保鲜膜，烘焙纸，烤盘，冷却绿茶奶油和豆粉奶油的碟子，半圆形慕斯模具，冷却网，锅

 180℃ 12~13min

 2h（包括每个阶段放在冷冻室成型的时间）

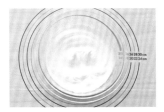

1 把鸡蛋的蛋清和蛋黄分离后，在鸡蛋清中分三次放入砂糖，用手动搅拌器打出泡沫，做成结实的蛋白霜。

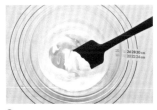

2 放入蛋黄快速搅拌。

3 放入筛好的低筋面粉、玉米淀粉和绿茶粉，用刮刀画大圆搅拌。

这时，搅拌要小心，不要让蛋白霜的泡沫消失。

4 在戴好直径1cm的圆形花嘴的裱花袋中装入面糊，在铺好烘焙纸的烤盘上挤出长棍。上面筛撒上糖粉后，在预热至180℃的烤箱中烤12~13min。

5 从烤箱中一拿出软饼就放在冷却网上冷却，冷却后按照模具的大小切成长方形。

6 把片状食用明胶放在凉水中泡5min，把牛奶加热。

7 在鸡蛋黄中放入砂糖一直搅拌到呈现米白色。

8 在蛋黄液中放入牛奶和绿茶粉，用手动搅拌器搅拌。

9 把第8步做好的蛋糊放入锅中，把明胶挤出水分后放进去，煮到稍微有点黏为止。

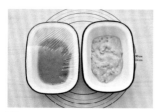

10 将制成的绿茶蛋糊盖好保鲜膜冷却。豆粉蛋糊也用做绿茶蛋糊的方法制作，盖好保鲜膜后放凉。

11 把鲜奶油轻轻打发到70%~80%的程度。

12 在冷却好的豆粉蛋糊中分两次放入打发好的120g鲜奶油，轻轻搅拌，制成豆粉慕斯。

这时只要装满模具的一半就行。

13 在半圆形的慕斯模具里铺上绿茶软饼，在上面放上豆粉慕斯后，放入冷冻室成型。

14 把剩下的130g打发好的鲜奶油分成两次放入绿茶蛋糊中轻轻搅拌，制成绿茶慕斯。

15 在已经成型的豆粉慕斯上面倒入绿茶慕斯，把表面抹平。

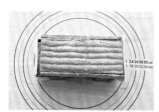

16 最上面再盖一层切好的软饼，为了不让软饼变干，用保鲜膜包好后放入冷冻室1h左右，直到慕斯蛋糕完全成型就完成了。

Tips 绿茶粉和抹茶粉虽然都是由茶叶粉末制成的，但绿茶粉是由没有经过遮光栽培的绿茶嫩叶包括叶脉一起粉碎制成的，颗粒相对较粗，接近黄褐色。而抹茶粉是在茶叶长新芽的时候，将在茶园里经过约20天隔断阳光栽培的茶叶用蒸汽蒸制成的，呈深绿色，非常漂亮。在烘焙的时候使用抹茶粉，不用色素也能做出漂亮的颜色。

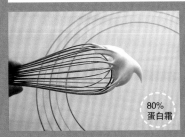

80%
蛋白霜

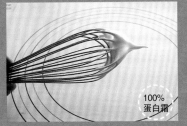

100%
蛋白霜

制作蛋白霜

蛋白霜使慕斯蛋糕形态丰满，它还决定了马卡龙的口感和形状。蛋白霜是在鸡蛋清中放入砂糖和适量香料打发出丰富的泡沫而制成的。蛋白霜的种类有意大利式蛋白霜、瑞士蛋白霜、法式蛋白霜等。

我介绍的方法是做法式蛋白霜时应用最广泛的。如果使用不太新鲜的鸡蛋做蛋白霜，可能泡沫不能被好好打发，所以使用新鲜的鸡蛋做比较好。鸡蛋清中哪怕稍微混有蛋黄，或是如果搅拌碗和手动搅拌器上沾有油性成分，都不能打出泡沫，这点需要注意。

那么接下来就讲一讲制作蛋白霜的要领吧。

 鸡蛋清2个，砂糖60g

1. 在没有水的干净的搅拌碗中放入鸡蛋清，把砂糖称重备用。
2. 用手动搅拌器均匀地搅拌鸡蛋清，使其产生泡沫。
3. 泡沫产生至浓稠状态的时候放入全部砂糖的1/3，再用手动搅拌器继续搅拌。
4. 鸡蛋清中产生更多的泡沫的时候，把剩下的砂糖分两次放入，充分地打出泡沫。
5. 提起手动搅拌器，蛋白霜形成尖角就行了。

Tips

提起手动搅拌器的时候，若尖角不能坚实地竖立，就说明还没有充分打好，还需要继续搅动。但是如果产生了坚实的尖角却还继续搅动，那么蛋白霜就会产生疙瘩，泡沫会消失，这点一定要注意。

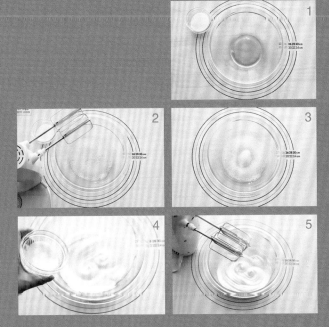

FEBRUARY

鼓起勇气去告白

2

浪漫的2月，我恳切地希望把自己亲手制作的巧克力、饼干或蛋糕在凉透之前系上漂亮的
蝴蝶结，包装好，从而能把我的心意转达给他。
就算不好意思说出"我爱你"，只要是收到世界上独一无二的礼物，
即使是木讷的他也能马上知道我的心意吧？

NO!
黄油

杯装提拉米苏
★☆☆

提拉米苏是意大利语，是"让心情变好"的意思。浓浓的咖啡香，略苦的可可粉，香甜的奶油奶酪，润润的蛋糕融合成了完美的口感，咬一口，心情真的会变好。借着这个好的寓意向心里暗恋的他告白，怎么样？

海绵蛋糕1个，无糖可可粉、糖粉、白色防潮糖粉（可以省略）各适量
奶油奶酪慕斯 奶油奶酪200g，鲜奶油150g，砂糖30g

3个

咖啡糖浆 热水50g，砂糖30g，速溶咖啡1大勺

搅拌碗，打蛋器，筛子，刮刀，甜点杯，刷子，奶油抹刀，模板

180℃ 20~25min（海绵蛋糕）

1h20min

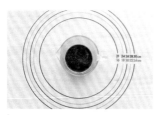

1 在热水中放入砂糖溶化后，放入1大勺速溶咖啡好好搅拌，制成咖啡糖浆。

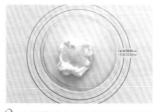

2 在搅拌碗中放入奶油奶酪和砂糖搅拌。

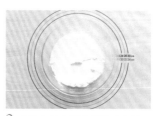

3 在装奶油奶酪的搅拌碗中放入鲜奶油搅拌。

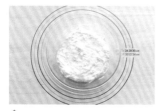

4 为了混合得均匀，需要轻轻地搅打。

5 把1~1.5cm厚的海绵蛋糕切出小圆片，按照甜点杯底部大小切3个，顶部大小切3个。

海绵蛋糕的烤制方法请参考第10页。

6 把杯子底部大小的切片放入甜点杯中，充分地刷上咖啡糖浆。

7 铺上1~1.5cm厚的奶油奶酪慕斯。

8 把杯子顶部大小的切片放在上面，然后再刷上咖啡糖浆。

9 把奶油奶酪慕斯填装至杯口，用奶油抹刀把表面抹平。

10 在奶油奶酪上面撒上白色防潮糖粉。

白色防潮糖粉是砂糖的一种，不易溶化，能够防止提拉米苏上面装饰的可可粉和糖粉化掉。

11 均匀地撒上薄薄的一层无糖可可粉。

12 放上模板，轻轻地撒上糖粉后，小心地拿下模板就完成了。

Tips 慕斯在法语中是奶泡的意思，引申为拥有像泡沫一样柔软口感的蛋糕。这款提拉米苏使用了鲜奶油和奶油奶酪成型，味道和口感介于蛋糕和冰淇淋之间，冷冻后食用更美味。

卡通巧克力
★☆☆

不知道从什么时候开始，只要情人节快到了，我就会陷入"准备什么样的巧克力"这样幸福的苦恼中。今年用转印纸尝试做了简单又可爱的卡通巧克力，这是普通巧克力的华丽大变身！

食品转印纸1张，黑巧克力150g，白巧克力100g，草莓巧克力适量

边长1.5cm
15个

剪刀，巧克力模具，搅拌碗，蒸锅里用的碗

50min

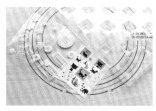

1 准备好自己喜欢的转印纸。

2 按照巧克力模具的大小剪好转印纸，把转印纸发光的一面向下放在模具里。

白巧克力和草莓巧克力也用同样的方法熔化。

3 把黑巧克力放在碗里，在装有热水的蒸锅里隔水熔化。

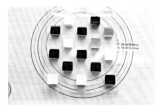

4 把熔化的巧克力装入模具中后，把表面抹平然后成型。等所有巧克力都变硬以后，把模具翻过来，把巧克力小心地分离出来就完成了。

Tips! 因为巧克力上面的图案是用转印纸或砂糖做的，所以可以吃。用各种图案的转印纸尝试做简单又与众不同的巧克力吧。

红丝绒蛋糕卷
★★☆

只是看着也会让人沉醉的红丝绒蛋糕卷，你相信这款呈现浓烈红色的蛋糕里完全没有添加色素吗？在嘴里弥漫开来的鲜奶油的柔软和香甜，就像马上要陷入爱情一样。

红丝绒蛋糕 鸡蛋黄4个+砂糖40g，鸡蛋清4个+砂糖40g，牛奶90g，葡萄籽油60g，低筋面粉70g，红曲米粉20g，无糖可可粉5g
奶油 鲜奶油150g，砂糖20g，朗姆酒1小勺（可以省略）

1个

 搅拌碗，打蛋器，手动搅拌器，筛子，刮刀，垫纸，40cmx30cm的面包烤盘，刀，奶油抹刀

 200℃ 12~13min

 2h50min（包括在冷藏室2h的成型时间）

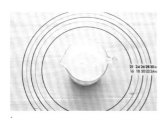

1 把牛奶和葡萄籽油混合好后，加热备用。

2 把鸡蛋清打发出泡沫后，分三次把40g砂糖放入搅拌，打发到能够拉出尖角的程度，做成蛋白霜。

3 在另一个碗中放入鸡蛋黄和40g砂糖，搅打到颜色变成米白色为止。

4 在步骤3的鸡蛋黄中加入步骤1中混合好的牛奶和葡萄籽油，搅拌。

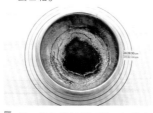

5 放入筛好的低筋面粉、红曲米粉，轻轻搅拌。

6 把做好的蛋白霜分三次放入，好好搅拌。

7 把面糊搅拌至可以流动的程度。

为了不产生气泡，要从距离烤盘20~30cm的高度开始倒，用铲子或刮刀整理表面。

8 向铺好垫纸的烤盘中倒入面糊，把表面整理平整。

9 放在预热至200℃的烤箱中烤12~13min，取出冷却后揭掉垫纸。

红丝绒蛋糕的四面边缘部分都要留出1cm左右后再抹奶油，这样卷的时候奶油就不会溢出来了。

10 等待红丝绒蛋糕冷却的时候，在鲜奶油中加入砂糖和朗姆酒打硬实后，在烤盘中铺上新的垫纸，在垫纸上面放好红丝绒蛋糕，蛋糕的左右两边剪出斜线后，在上面抹上奶油。

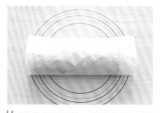

11 就像卷紫菜卷一样卷好后，用垫纸包好，放在冷藏室中成型2h就完成了。

Tips 这是一款凭借浓烈的红色抓住女人心的红丝绒蛋糕卷！就算没有色素也能做出漂亮的颜色，秘诀就在于红曲米粉。从现在开始试用红曲米粉代替红色素吧。

NO! 黄油

NO! 油

法式巧克力熔岩蛋糕

★ ☆ ☆

流淌着巧克力的法式巧克力熔岩蛋糕，热热的、甜甜的，更适合在寒冷的冬季食用。

 鸡蛋1个，黑砂糖10g，香草香精适量，黑巧克力70g，低筋面粉20g，无糖可可粉10g，装饰用糖粉适量，草莓适量

2个

 搅拌碗，打蛋器，筛子，刮刀，蛋奶酥杯或玛芬杯，烤盘

 180℃ 8~10min   20min

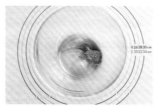

1 在搅拌碗中放入鸡蛋、黑砂糖、香草香精，用打蛋器好好搅拌。

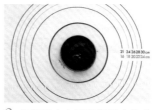

2 把黑巧克力用蒸锅隔水熔化或者用微波炉熔化。

3 在步骤1的碗中加入步骤2中熔化的巧克力，快速搅拌。

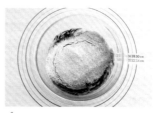

4 放入筛好的低筋面粉和可可粉后，用刮刀好好搅拌至面糊变光滑。

5 在蛋奶酥杯或玛芬杯中倒入70%~80%左右容量的面糊，放入预热至180℃的烤箱中烤8~10min。烤好以后在上面稍微撒上糖粉，装饰上草莓就完成了。

Tips

    法式巧克力熔岩蛋糕，要巧克力能够流淌才正宗。若烤制的时间太久，特有的口感就会消失，所以等到上面鼓起的时候用筷子或者牙签扎一下，如果能拉黏就说明烤好了。

    另外，做好后若存放时间太久，巧克力会变硬，所以最好做完以后趁热吃。

MARCH
清新春天的开始

3

现在，来到了能够感受到春天气息的3月。脱下穿了整个冬天的厚厚的笨重的大衣，
心里满是想要穿上轻柔的蕾丝连衣裙的想法。
本章，教你制作像雨后的春日天空一样清爽十足的家庭烘焙。

迷你柠檬蛋白挞
★★☆

柠檬是一种只凭香气就能令人感到清新气息的水果。柔软的蛋白饼和清新的柠檬馅相遇，成就了这款值得期待的迷你柠檬蛋白挞。这道甜品适合在温暖的春日里送给爱的人。

蛋挞皮 低筋面粉180g，杏仁粉20g，糖粉20g，盐2g，葡萄籽油20g，凉水30g

馅 奶油奶酪250g，砂糖50g，鸡蛋黄2个，柠檬1个

蛋白霜 鸡蛋清2个，砂糖50g，香草香精1/4小勺

12个

搅拌碗，手动打蛋器，筛子，擀面杖，圆形饼干模具，玛芬模具，叉子，圆形裱花嘴，星星状裱花嘴，裱花袋，喷灯

 180℃ 12min→
190℃ 4~5min

1h20min

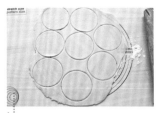

1 醒好的面团用擀面杖擀成0.2~
0.3cm厚的面皮，用圆形饼干
模具刻出形状。

面团的制作方法请参考第11页。

2 在玛芬模具中把蛋挞皮贴紧模
具放好，用叉子在底部扎上
孔，放在预热至180℃的烤箱
中烤12min后，从模具中取出
冷却。

3 把柠檬洗干净，留出装饰用的
柠檬块，剩下的去皮榨汁。

4 在软化的奶油奶酪中放入砂糖
轻轻搅拌，然后放入鸡蛋黄搅
拌均匀。

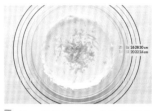

5 放入柠檬汁和切碎的柠檬皮
搅拌。

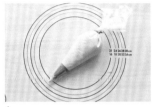

6 在戴好圆形裱花嘴的裱花袋中
装入奶油奶酪馅。

7 在冷却好的蛋挞皮里放上奶油
奶酪馅，放入冷藏室中冷藏。

8 在另一个碗中放入鸡蛋清、香
草香精和砂糖，用打蛋器做成
蛋白霜。

放入香草香精能去除鸡蛋特有
的腥味。

9 把蛋白霜装入戴好星星状裱花
嘴的裱花袋中，挤在蛋挞上。
把蛋挞放入预热至190℃的烤
箱中烤4~5min，或者用喷灯
熏烤蛋白霜就完成了。

Tips 香草因其特有的香甜和独特味道，在烘焙中常常被使用。直接使用香草豆或使用带有香草味的香草
油、香草香精都可以。香草的味道可以去除鸡蛋特有的腥味，起到让香甜的味道保持更长久的作用。

樱花马卡龙
★★☆

当粉红色的樱花覆盖住干枯了一冬天的樱花树时，我的心也被染成了粉红色。和樱花马卡龙一起尽享无限温暖甜蜜的春日阳光吧。

马卡龙夹片 鸡蛋清2个，砂糖27g，杏仁粉39g，糖粉43g，草莓粉4g

白巧克力夹心 白巧克力50g，鲜奶油50g，樱花利口酒1小勺，黄油1小勺

装饰 腌制樱花、白巧克力各适量

搅拌碗，手动搅拌器，筛子，刮刀，锅，直径1cm的圆形裱花嘴，裱花袋，垫纸，烤盘，冷却网

 150℃ 12~14min

 1h10min

1 把鸡蛋清打出泡沫后，分三次放入砂糖搅拌。

2 用手动搅拌器打发成能够拉出尖角的蛋白霜。

3 混合提前筛好的杏仁粉、糖粉、草莓粉，分三次放入蛋白霜，首先放入1/3，用刮刀从里向外画大圆，搅拌均匀。

4 剩下的也分次放入，均匀搅拌至产生光泽。

用刮刀在搅拌碗中不断地翻拌蛋粉糊，这个过程非常重要。

5 至蛋粉糊显得有光泽，提起刮刀，蛋粉糊呈带状掉落的状态就搅拌好了。

6 把蛋粉糊装在戴好圆形裱花嘴的裱花袋中，在铺好垫纸的烤盘中挤出直径4cm大小的圆形。

7 放在室温中干燥30min，直到用手轻触表面不会粘手，在预热至150℃的烤箱中烤12~14min。

8 这期间，在鲜奶油中放入白巧克力，煮至熔化。

9 放入樱花利口酒和黄油，好好搅拌。

黄油是为了让夹心更好地成型才放的，省略也没有关系。

10 把烤好的马卡龙夹片两两配对，把白巧克力夹心装在裱花袋中，在其中一片上挤好，盖上另一片，如图摆放。

11 在马卡龙的上面稍微粘上一点白巧克力，放上腌制樱花就完成了。

Tips 腌制樱花泡在水里去除盐分后，放在厨房毛巾上晾干水分使用。腌制樱花可在网上购买。

树莓磅蛋糕
★★☆

不知道为什么，我就是觉得像红宝石一样闪亮的艳红色树莓很适合清新的春天。润润的鲜奶油磅蛋糕上满满地放上酸甜的树莓，无论是眼睛还是嘴巴都感到很幸福。

磅蛋糕 鸡蛋3个，砂糖95g，低筋面粉90g，杏仁粉20g，泡打粉2g，鲜奶油120g，香草香精1小勺

树莓浆汁 树莓酱160g，砂糖90g

糖霜 糖粉120g，柠檬汁3小勺

装饰 树莓适量，开心果碎或绿茶饼干碎适量

长27cm
1个

搅拌碗，细长磅蛋糕模具，锅，打蛋器，筛子，刮刀，烤盘，冷却网，刷子，勺子

 170℃ 20~25min

 1h20min

1 在160g的树莓酱中加入90g砂糖，用小火熬5min。

其中有2/3是要抹在蛋糕上面的，所以要提前盛出来；剩下的1/3是要放在面糊中做馅的，所以要熬到浓度达到果酱的程度为止。

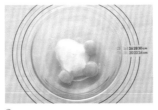

2 在搅拌碗中放入鸡蛋、砂糖，搅拌至砂糖溶化。

3 倒入香草香精和鲜奶油，搅拌1min。

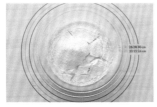

4 放入筛好的低筋面粉、杏仁粉和泡打粉，好好搅拌。

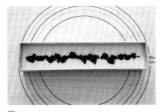

5 在磅蛋糕模具中倒入一半容量的面糊，再倒上在步骤1中熬得稍稠的树莓酱。

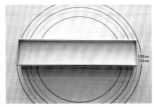

6 倒入模具90%容量的面糊，抹平表面。

7 在预热至170℃的烤箱中烤20~25min后，把烤好的蛋糕从模具中分离出来，鼓起的部分向下放在冷却网上完全冷却。

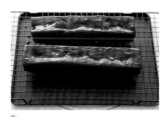

8 把步骤1中做好的稀一点的树莓酱均匀地抹在蛋糕上。

9 在糖粉中加入柠檬汁做成糖霜。

10 树莓酱一定程度变硬后，用勺子在蛋糕表面撒上糖霜。

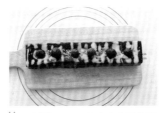

11 用树莓和开心果碎（或绿茶饼干碎）装饰好就完成了。

Tips 　树莓酱上面撒的糖霜如果太稀，样子就不好看。糖霜要黏稠一些，可呈现自然的流淌状，既能保持形状，又能很快变硬。

草莓满珠

★★☆

这是一款男女老少都喜欢的小甜点，豆沙里包裹着坚果碎，让人爱不释手。这款甜品可以做成各种形状，而今天的满珠将变身为适合春天的草莓！

鸡蛋50g，砂糖50g，盐2g，玉米低聚糖10g，葡萄籽油10g，白豆沙300g，坚果碎80g

百年草面团 低筋面粉120g，百年草粉8g，泡打粉2g

绿茶面团 低筋面粉30g，绿茶粉2g

装饰 黑芝麻适量

15个

搅拌碗，打蛋器，筛子，保鲜膜，花瓣形状的饼干模具，托盘，烘焙纸，烤盘

180℃ 15min

1h（包括放在冷藏室的30min）

NO! 色素

NO! 黄油

1 在搅拌碗中放入鸡蛋、砂糖、盐、葡萄籽油、玉米低聚糖，好好搅拌至砂糖溶化。

2 按4：1的比例分开，放在两个碗中。在两个碗中按4：1的比例分别放入低筋面粉，多的放入百年草粉和泡打粉，少的放入绿茶粉，好好搅拌。

3 用保鲜膜将两个面团包好，放入冷藏室中醒30min。

4 这期间，在白豆沙中放入坚果碎，分成20g左右一个的小圆团。

坚果碎用不放油的平底锅炒一下会更香。

5 把百年草面团分成10g一个的圆团，压成面片。

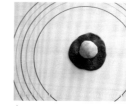

6 在百年草面皮中放入豆沙馅。

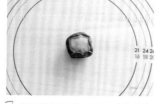

7 轻轻推按面皮，让豆沙馅全部包进去，揪着捏起来，用手掌团出草莓的形状。

8 把绿茶面团用擀面杖擀薄，用饼干模具刻出形状。

用手指按压花瓣中间更易粘牢。

9 稍微蘸点水，把绿茶面片贴在百年草面团上。

10 粘上黑芝麻，在预热至180℃的烤箱中烤15min就完成了。

APRIL

献给美丽新娘的新娘送礼会——婚礼甜点

4月，是代表"不变的爱"的洋桔梗盛开的季节。

尝试为结婚的朋友准备新娘送礼会，我用象征爱的饼干和蛋糕装点了她结婚前的最后一个派对。

爱心饼干
★☆☆

不仅做起来容易，样子也很漂亮，所以这款饼干作为礼物是很不错的。甜中带苦的巧克力味道和馨香的草莓味道奇妙地融合在了一起，人气满分哦。

20个

鸡蛋1个，葡萄籽油30g，糖粉50g，扑撒用粉适量
巧克力面团 低筋面粉50g，杏仁粉10g，无糖可可粉5g
草莓面团 低筋面粉50g，杏仁粉10g，草莓粉5g

 搅拌碗，打蛋器，筛子，刮刀，保鲜膜，烹饪锡纸，心形饼干模具，饼干印章，烤盘

 170℃ 9~10min

 50min

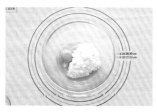

1 在搅拌碗中放入葡萄籽油、鸡蛋、糖粉，好好搅拌。

2 把步骤1中搅拌好的食材平均分成两份，装在两个搅拌碗中，分别在两个碗中加入巧克力面团的食材和草莓面团的食材，搅拌至看不见生面粉。

3 揉成面团后用保鲜膜包好，放入冷藏室中醒30min。

4 在工作台上稍微撒上点面粉，把醒好的面团用擀面杖擀成厚0.3~0.4cm的面饼，用大小不同的心形饼干模具刻出形状。

用大小不同的心形饼干模具刻出中间镂空的心形，然后用饼干印章在较小的心形上印上图案。

5 把颜色不同的两个心形镶嵌到一起，放在烤盘上，在预热至170℃的烤箱里烤9~10min。

为了让上表面不会变色，在烤到7min左右的时候打开烤箱，盖好烹饪锡纸继续烤。

Tips 在擀面团之前先在工作台上撒点面粉，是为了防止面团粘在工作台或模具上。但是如果撒得太多，会影响饼干的味道，所以最好是一点一点地撒。

蝴蝶戚风蛋糕
★★☆

"戚风蛋糕"这个名字是因为其口感如丝绸般细腻丝滑而来。放了很多鸡蛋清和水，在暄软的蛋糕上抹上丝滑的鲜奶油，让蛋糕变得更高级，再装饰上可爱的蝴蝶，你也试着动手做一下吧。

直径18cm
1个

鸡蛋黄3个，蜂蜜45g，葡萄籽油40g，原味酸奶60g，牛奶30g，低筋面粉85g，泡打粉5g

蛋白霜 鸡蛋清4个，砂糖50g

装饰 鲜奶油150g，翻糖50g，银珠适量

搅拌碗，打蛋器，手动搅拌器，筛子，刮刀，戚风蛋糕模具，喷雾器，烤盘，奶油抹刀，蝴蝶状饼干模具，烹饪锡纸

 160℃ 35min

  1h10min

1 把鸡蛋清轻轻地打出泡沫后，把50g砂糖分三次放入，打成能够拉出尖角的蛋白霜。

2 在另一个碗中放入鸡蛋黄和蜂蜜，打至颜色发白后，放入原味酸奶和葡萄籽油，轻轻搅拌。

3 放入提前筛好的低筋面粉、泡打粉，好好搅拌至没有疙瘩。

4 在面糊中放入1/3的蛋白霜，快速搅拌。

5 剩下的蛋白霜分次加入并均匀搅拌。

6 用喷雾器充分喷上水后装入戚风蛋糕模具里，敲几下底部排除气泡，在预热至160℃的烤箱中烤35min后，从烤箱中一拿出来就翻过来冷却。

7 这期间，把翻糖用擀面杖擀薄，用蝴蝶状的饼干模具刻出形状。

8 把烹饪锡纸折一半，在上面放上蝴蝶翻糖成型。

9 等到蛋糕的蒸汽都散尽以后，轻轻地用奶油抹刀转着从模具中分离出蛋糕。

10 把鲜奶油打发到90%并产生光泽的程度。

11 用奶油抹刀在戚风蛋糕上抹上鲜奶油。

12 在蛋糕上面再放上适量的鲜奶油，顺时针方向边转边抹平，侧面也用同样的方法抹平。把蛋糕放在蛋糕托盘上。粘上做好的翻糖蝴蝶，再用银珠装饰就完成了。

　　翻糖就是指糖面，在烘焙市场上能够买到，在家里也能简单地制作。必需的材料有绵白糖200g，水1大勺，糖粉450g。首先把绵白糖放在碗中，洒上1大勺水，在微波炉中加热两次，每次转30s，让绵白糖化得黏黏的，放入糖粉，用手揉搓成团，用保鲜膜包好，放在冰箱冷藏室中醒1天左右就完成了。

蔓越莓玫瑰蛋糕
★☆☆

这是暄软润滑的迷你蛋糕。里面有酸甜的蔓越莓，作为茶点很不错。不仅能够和咖啡搭配，还能和牛奶、红茶以及绿茶搭配。

蔓越莓干30g，鸡蛋1个，砂糖80g，低筋面粉220g，杏仁粉40g，盐1撮，牛奶150g，葡萄籽油60g，泡打粉4g，香草香精适量

12个

搅拌碗，小碗，打蛋器，筛子，刮刀，刷子，玫瑰形烤盘

  180℃ 20~25min

 40min

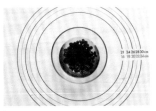

1 把蔓越莓干切碎，在温水中泡10min。

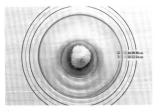

2 这期间，在搅拌碗中放入葡萄籽油和砂糖好好搅拌。

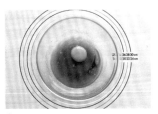

3 放入鸡蛋和香草香精搅拌。

4 放入牛奶，搅拌均匀。

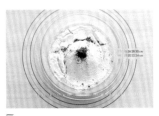

5 放入筛好的低筋面粉、杏仁粉、泡打粉搅拌。

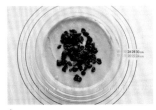

6 泡水后的蔓越莓挤出水分后放入面糊中搅拌。

7 在玫瑰形烤盘中稍微刷上一点葡萄籽油，装入约80%容量的面糊，敲打两三次底部让气泡消失。在预热至180℃的烤箱中烤20~25min就完成了。

Tips 　使用模具的时候，要用刷子在模具内部仔细刷上葡萄籽油后再放面糊。一般圆形模具或方形模具要铺垫油纸，只有这样才能把蛋糕从模具中完好地拿出来。

花朵杯蛋糕
★★★

在闺蜜结婚前为她准备新娘送礼会，我选择了让人沉醉的花朵杯蛋糕。这款清纯又可爱的杯蛋糕，就像这个世界上最美丽的她一样。

鸡蛋2个，黑砂糖40g，葡萄籽油30g，香蕉泥70g，黑巧克力100g，低筋米粉60g，无糖可可粉7g，泡打粉2g
黄油奶油 无盐黄油450g，鸡蛋清120g，水50g，白砂糖140g，香草香精、绿茶粉、百年草粉各适量

6个

搅拌碗，打蛋器，筛子，油纸，玛芬模具，蒸锅里用的碗，搅拌机，裱花袋，花嘴

180℃ 15~20min

2h

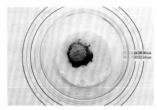

1　把鸡蛋打散，加入黑砂糖搅打。

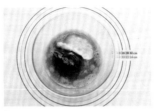

2　黑砂糖溶化后，放入葡萄籽油和熔化的黑巧克力以及香蕉泥搅拌均匀。

3　放入提前筛好的低筋米粉、无糖可可粉和泡打粉，好好搅拌。

4　在铺好油纸的玛芬模具中放入面糊，在预热至180℃的烤箱中烤15~20min，取出后放在冷却网上充分冷却。

5　这期间，在50g水中放入白砂糖，加热到118℃，静置。

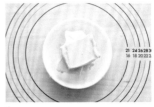

6　把无盐黄油提前放在室温中软化，切碎。

7　在搅拌机中把鸡蛋清打出白色泡沫后，倒入步骤5中煮好的砂糖糖浆做成蛋白霜。这时也一起放入香草香精。

8　蛋白霜变得能够拉出尖角且有光泽的时候，放入黄油打发。

9　即使蛋白霜和黄油好像分离了也要继续打，做成柔软的黄油奶油。

10 利用绿茶粉、百年草粉等天然色素做出自己想要的各种颜色的黄油奶油，做好后装入戴好花嘴的裱花袋中。

11 在冷却的玛芬蛋糕上面抹上黄油奶油。

12 在戴上合适花嘴的长裱花袋中装入淡粉色黄油奶油，挤出花瓣。

13 挤出第2层花瓣。

14 在戴上最小号圆形花嘴的裱花袋中装上绿色黄油奶油，做出花蕊。

15 在戴上合适花嘴的长裱花袋中装入淡绿色黄油奶油，竖着挤出花瓣。

16 在中间看起来空余的部分再补上一些花蕊就完成了。

Tips 制作时，若直接用手接触蛋糕，黄油奶油很快就会化掉，所以戴着手套做比较好。

Plus tip

在家里做香草香精

　　香草香料在烘焙中经常使用。香草因为拥有特有的香甜和独特的香味，主要用于去除面粉的味道和鸡蛋的腥味。可以直接刮香草豆荚用，也可以选择香草油或者香草香精。我也常常使用放在朗姆酒或伏特加中发酵制成的香草香精。在家里制作的香草香精的保存方法非常重要，仔细密封后，用黑色塑料或者烹饪锡纸包好，放在橱柜或抽屉的深处保存比较好。

 朗姆酒或伏特加1瓶，香草豆荚8~10个

1. 准备伏特加、朗姆酒或金酒备用。
2. 把香草豆荚沿着长的方向劈成两半，用刀刮出豆荚里的豆。
3. 倒出1杯左右的伏特加，把刮出的香草豆放入酒瓶里。
4. 把香草豆荚也放在里面，盖好瓶盖，密封。
5. 在避光处保存超过1个月后，泡出像左边瓶子里一样深深的颜色就好了。

 Tips

　　每100ml伏特加中可放入1个香草豆荚。一般1瓶伏特加或金酒是700ml，所以可放7个香草豆荚。香草豆荚在烘焙商店里或购物网站上都能买到。

MAY

有很多值得感谢的日子的家庭之月

5

5月的节日非常多，具有重要意义的日子接连不断地到来。
平时不好意思表达的感激之情，现在大大方方地表现出来吧。

康乃馨豆沙饼干
★★☆

试着用亲手做的康乃馨豆沙饼干向父母表达感激的心意吧。没有人不会被充满心意的礼物感动，用甜甜的豆沙做的饼干，任何人都可以尽情享用。

15个

白豆沙500g，鸡蛋黄1个，杏仁粉80g，牛奶10g，百年草粉1大勺，抹茶粉1小勺

搅拌碗，筛子，刮刀，圆形花嘴，康乃馨花嘴，树叶花嘴，垫纸，烹饪锡纸，烤盘

 150℃ 25~30min

  50min

1 在搅拌碗中放入白豆沙、鸡蛋黄、杏仁粉，好好搅拌。

> 放入少量牛奶调节稠度。

2 把和好的面糊取出1/6，放入抹茶粉好好搅拌，剩下的面糊中加入百年草粉好好搅拌。

3 把抹茶面糊装入戴好树叶花嘴的裱花袋中，把1/4的百年草面糊放入戴好圆形花嘴的裱花袋中，剩下的3/4的百年草面糊装入戴好康乃馨花嘴的裱花袋中。

4 在垫纸上用戴圆形花嘴的裱花袋挤出蔸蔸的血糊做出花托。

5 用戴康乃馨花嘴的裱花袋 "之" 字形地移动做出康乃馨花瓣。

6 刚开始时要竖着挤出花瓣，之后逐渐平着挤出花瓣。

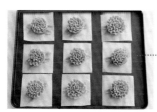

7 康乃馨花瓣完成后，连着整个垫纸都放在烤盘中，挤上树叶后，放在预热至150℃的烤箱中烤25~30min就完成了。

> 这时要紧挨着康乃馨挤树叶，烤好后树叶和花朵才能粘在一起。

Tips 因为用天然植物粉末代替了色素，所以康乃馨豆沙饼干的颜色并不是那么深。
如果烤的时间太久，就会从边缘部分开始变成褐色，所以，烤10min左右后要盖上烹饪锡纸再继续烤。

康乃馨杯蛋糕
★☆☆

为了迎接母亲节，想要给母亲送漂亮的蛋糕作礼物，但是不熟悉烘焙，觉得很茫然，对吗？挤不好花的朋友可以试试制作这款康乃馨杯蛋糕。

 豆粉玛芬蛋糕 低筋米粉80g，炒豆面40g，砂糖35g，泡打粉4g，盐1撮，豆奶120g，核桃碎1把

5个 **糖霜** 奶油奶酪120g，糖粉30g，柠檬汁1/2小勺

装饰 蛋白霜康乃馨5朵

 搅拌碗，打蛋器，筛子，油纸，玛芬模具，圆形花嘴，裱花袋，冷却网

 170℃ 20~25min ⏱ 1h

1 在豆奶中加入砂糖、盐好好搅拌。

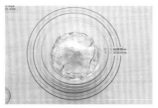

2 放入提前筛好的低筋米粉、泡打粉、炒豆面搅拌均匀。

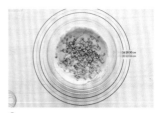

3 放入核桃碎搅拌。

4 在垫上油纸的玛芬模具中装入80％容量左右的面糊，在预热至170℃的烤箱中烤20~25min。

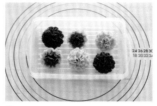

5 在这期间，准备蛋白霜康乃馨。

6 把烤好的豆粉玛芬蛋糕放在冷却网上充分冷却。

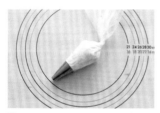

7 在豆粉玛芬蛋糕冷却的时候，将奶油奶酪在室温中软化好，加入糖粉和柠檬汁，轻柔地搅拌融合，然后装入戴好圆形花嘴的裱花袋中。

8 在豆粉玛芬蛋糕上像花瓣一样挤出奶油奶酪糖霜。

9 放上蛋白霜康乃馨就完成了。

糖霜是指涂抹在饼干或杯蛋糕等的表面以增加味道或做出某种造型的奶油。可以在黄油中加入糖粉做，也可以在奶油奶酪中加入糖粉和柠檬汁做。在饼干和玛芬蛋糕上抹糖霜的时候，要充分冷却后再抹，这样才能保证得到想要的味道和样子。

蛋白霜康乃馨在烘焙网站上很容易就能够买到。它是用砂糖、椰子油和食用明胶等做成的糖类加工品，是可以吃的产品，主要用于装饰。

小熊豆沙面包
★★☆

对大人来说是温暖的记忆，对孩子来说是营养满分的零食，这是带给所有人快乐的豆沙面包。就算是讨厌吃红豆的孩子，也会被可爱的小熊模样吸引。

 面团 高筋面粉160g，低筋面粉50g，盐3g，干酵母5g，鸡蛋1个，葡萄籽油10g，砂糖20g，牛奶70g

 馅 红豆沙200g，核桃碎1把

其他 巧克力笔1根，鸡蛋液适量

5个

面包机，塑料或湿棉布，擀面杖，烘焙纸，烤盘，烹饪锡纸，冷却网

190℃ 12~15min

 3h

1 在面包机中放入做面团的食材，
和面，然后进行第一次发酵。

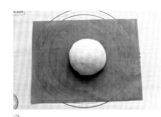

2 一次发酵结束后，取出面团用
手使劲按压排除气泡。

3 把面团分成6等份揉成圆团
后，用塑料或者湿棉布盖好
进行10min的中间发酵。

虽然是要做5个豆沙面包，
但是因为要做耳朵部分，
所以把面团分成6等份。

4 在红豆沙中放入核桃碎，分成
40g左右一个的豆沙团，揉圆。

5 中间发酵结束后，把面团用擀
面杖擀平，放上红豆沙馅。

6 圆圆地聚拢到一起，紧紧地捏
起来。

7 5个面团都用同样的方法做好
后，剩下的一个面团分成10等
份，然后团成小圆球，做成耳
朵的样子。盖上塑料或湿棉布
进行40min左右的二次发酵。

8 二次发酵结束后，把烹饪锡纸
剪成圆形，稍微抹上一点油，
如图一样在面团上粘好，在面
团上仔细地抹好鸡蛋液，然
后在预热至190℃的烤箱中烤
12~15min。

9 用冷却网完全冷却后，用巧克
力笔画上眼睛、鼻子和嘴，可
爱的小熊豆沙面包就完成了。

Tips 在面团上粘烹饪锡纸的时候，稍微抹上点油，锡纸会粘得很牢，但是如果油抹得过多，烤好以后会
产生斑点，如果抹得不够，锡纸会因为烤箱中的热风而飞起来，所以需要注意。

杏仁奶粉饼干
★☆☆

当需要给身边的人们送礼物时，我常常会做这种饼干。奶粉的香味扑面而来！甜甜的、香香的，不仅孩子们会喜欢，大人们也会喜爱。

14~15个

低筋面粉70g，杏仁粉30g，脱脂奶粉30g，葡萄籽油30g，牛奶20g，黄砂糖20g，整个的杏仁15个

 搅拌碗，打蛋器，筛子，擀面杖，筷子，吸管，烘焙纸，少男少女模样的饼干模具，烤盘

 170℃ 8~10min

25min

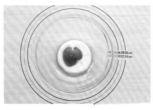

1 在搅拌碗中放入葡萄籽油、牛奶和黄砂糖搅拌。

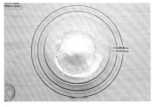

2 放入提前筛好的低筋面粉、杏仁粉、脱脂奶粉好好搅拌后揉成一团。

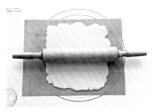

3 用擀面杖把面团擀成0.3~0.4cm厚的面皮。

4 用饼干模具刻出少男少女的模样。

5 用筷子尖和吸管印出眼睛和嘴巴，在中间放上杏仁。

6 把面片上手的部位小心地向里折叠，在预热至170℃的烤箱中烤8~10min就完成了。

Tips 这是一款不仅味道很不错，在样子上也能让人垂涎欲滴的饼干。用榛子、普通核桃仁或切半的长山核桃仁代替杏仁放在上面也行，放上一个圆圆的巧克力豆也很漂亮。

JUNE

令人激动的野外郊游

敞开心扉，在微风中悄悄地说着耳语，一直笑着……

听着那些令人心动的歌词，像这首歌一样，和心爱的人一起去郊游。不仅要做我喜欢的佛卡夏面包，
还要做他喜欢的比萨面包。我们坐在树荫里，享受着悠闲，即便只是想象一下都会感到很幸福。

橄榄佛卡夏面包
★★☆

佛卡夏面包在意大利极受欢迎。我用植物油代替了黄油，而且不放砂糖，所以味道很清淡。再放上满满的被称为"神的礼物"的橄榄，不仅味道好，对健康也有益。

边长25cm
1个

全麦面粉400g，盐8g，干酵母3g，水280g，橄榄油30g，洋葱1个，黑橄榄、绿橄榄、香芹粉、罗勒粉、红辣椒碎、扑撒用的面粉各适量

 面包机，筛子，四方形烤盘，保鲜膜或棉布

 190℃ 20min   2h40min

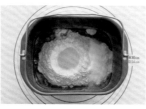

1 在面包机中放入常温水和橄榄油、盐、全麦面粉、干酵母，和面。

2 面团在面包机中进行第一次发酵，直至体积变成原来的2~3倍，约1h。

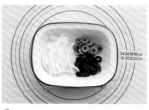

3 在这期间，把洋葱和黑橄榄、绿橄榄切成吃起来比较方便的大小。

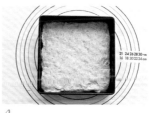

4 撒上一点面粉后整理好面团，放入四方形烤盘中。

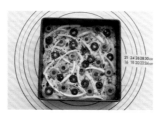

5 在面团上面稍微洒一点橄榄油，然后在上面放上洋葱和黑橄榄、绿橄榄、香草粉、红辣椒碎、罗勒粉，用保鲜膜盖好进行约1小时的第二次发酵。发酵完以后放在预热至190℃的烤箱中烤20min就完成了。

Tips 做佛卡夏面包时可以在第一次发酵好的面团上放上自己喜欢的配料，可以吃到独具风格的味道。例如可以在上面放灯笼椒或火腿，放虾仁和烤肉味道也不错。使用生晒西红柿干和香草类可以做出健康美味的佛卡夏面包。

金枪鱼米粉面包
★★☆

这是用金枪鱼罐头做的营养零食，你完全不用担心放了金枪鱼会破坏面包的美味。在阳光明媚的日子里，它便是郊游时最好的餐品了！

面团 高筋米粉200g，干酵母4g，砂糖20g，盐3g，葡萄籽油10g，鸡蛋1个，水70g

馅 金枪鱼罐头1盒（150g），甜玉米60g，蛋黄酱30g，盐1撮，胡椒粉、香芹粉各适量

其他 鸡蛋液适量

5个

面包机，筛子，擀面杖，保鲜膜，搅拌碗，烘焙纸，烤盘，刷子，剪刀

180℃ 16~18min

2h

1 在面包机中放入做面团的食材，开始和面，直到面团变光滑。

2 不用发酵直接拿出面团分成5等份，揉成圆团，用保鲜膜包好后醒15min。

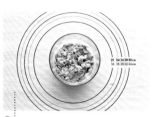

3 在这期间，打开金枪鱼罐头，去油后放入甜玉米、蛋黄酱、盐、胡椒粉、香芹粉好好搅拌。

这时可以根据喜好放些洋葱丁，也不错。

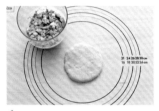

4 用擀面杖把每个面团擀平。

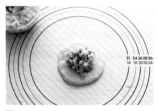

5 在面片中间放上馅。

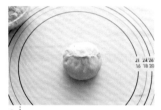

6 包好馅，把面皮相接部分捏起收好弄圆。

尽最大可能地往里面放馅，用手指小心地收好面片的口。

7 把捏紧的部分朝下，间隔一定距离地将5个面团放在铺好烘焙纸的烤盘上。

8 为了不让面团表面变干，用保鲜膜盖好后发酵40min左右。

9 刷上鸡蛋液，用剪刀在上面剪出十字口，然后放在预热至180℃的烤箱中烤16~18min就完成了。

Tips

在面团上刷鸡蛋液的原因是为了让面包表面变得黄黄的，散发出诱人的光泽。一般鸡蛋黄和水的比例为1：2最合适。

香肠迷你比萨面包
★★☆

在一个慵懒的周末的早上，像电影里的主人公一样，慢慢地、优雅地享受第一顿美餐。香肠迷你比萨面包是个很不错的选择。再配上一杯牛奶或果汁就更完美了！

面团 高筋面粉250g，牛奶50g，水55g，鸡蛋1个，砂糖35g，盐3g，葡萄籽油40g，干酵母5g

配料 香肠6根，甜玉米1/2罐，灯笼椒1/2个，洋葱1/2个，香芹粉1大勺，蛋黄酱2大勺，胡椒粉适量，比萨奶酪120g，番茄酱或芥末酱适量

6个

面包机，保鲜膜或湿棉布，刀，搅拌碗，烘焙纸，烤盘

 180℃ 12~15min

 2h50min

1 在面包机中放入做面团的食材，和面并进行一次发酵。

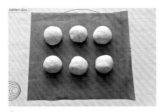

2 取出一次发酵结束的面团，分成6等份，揉成圆团后，用湿棉布或保鲜膜盖好醒15min。

3 在这期间，把香肠在沸水中稍微焯一下，除干水分。灯笼椒和洋葱分别切丁。

4 在甜玉米中放入洋葱丁、灯笼椒丁、蛋黄酱、胡椒粉、香片粉好好搅拌。

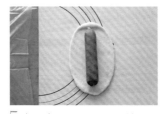

5 将醒好的面团用擀面杖擀一下，把香肠放在上面。

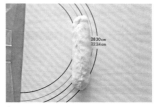

6 用面片包好香肠，把相接的部分紧紧捏好。

7 用刀深切8个刀口。
要切成香肠已断，但是面还连着的状态。

8 把切好的面卷每片都向相反的方向分离。

9 八个刀口有九个面片，所以呈现出很漂亮的样子。

10 有一定间隔地将几个面包坯放在烤盘上，为了不让表面变干，盖好保鲜膜进行40min的二次发酵。

11 放上步骤4做好的配料和比萨奶酪。

12 在预热至180℃的烤箱中烤12~15min，淋上番茄酱或芥末酱就完成了。

Tips 苦想要在面包上面挤出漂亮且看起来很好吃的番茄酱或芥末酱，可以用从药店买来的药水瓶，它比一般的番茄酱瓶子的口小，更容易挤出"之"字形状。

夹馅玛德琳

★☆☆

在马塞尔·普鲁斯特的小说《追忆似水年华》中，主人公把玛德琳泡在红茶里，享用的瞬间不知不觉地回忆起了过去。在书中，他把玛德琳蛋糕形容为丰腴、性感但具有褶皱的饼干。在韩剧《我的名字叫金三顺》中，作为糕点师的主人公曾经用她寒酸的英语说过这样一句台词 "Madeleine is sexy cookie"。为什么玛德琳蛋糕被称为性感的饼干呢？如果好奇，现在就尝试着做做看吧！

玛德琳饼坯 鸡蛋2个，砂糖40g，低筋面粉100g，泡打粉4g，鲜奶油100g，香草香精适量

夹馅奶油 鲜奶油100g，砂糖20g

配料 蓝莓、草莓、猕猴桃等水果各适量

搅拌碗，打蛋器，筛子，保鲜膜，玛德琳模具，花嘴，裱花袋，冷却网，刀

 165℃ 15min

  1h
（包括放在冷藏室的**30min**）

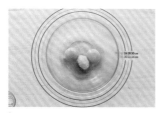

1 在搅拌碗中放入鸡蛋和砂糖好好搅拌。

2 放入提前筛好的低筋面粉、泡打粉搅拌至看不见生面粉。

3 放入鲜奶油和香草香精好好搅拌。

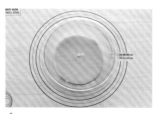

4 用保鲜膜包好面团，放在冷藏室中醒30min。

5 在玛德琳模具中放入80%容量的面团，然后在预热至165℃的烤箱中烤15min。

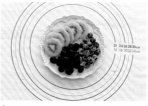

6 在这期间，把水果切成适当大小备用。

7 在鲜奶油中加入砂糖搅打至硬性发泡，然后放入戴好花嘴的裱花袋里。

8 把冷却至没有热气的玛德琳蛋糕分成两半，在下面一半的表面上抹上打发好的奶油。

9 放上水果，然后在上面盖上另一半玛德琳蛋糕，这就完成了。

Tips 玛德琳夹馅的奶油在打发的时候如果把搅拌碗放在冰水上面，会生成更丰盛的泡沫。

JULY

充满凉爽的夏日

7

虽然不是很喜欢下雨的日子，但是偶尔也会期待来一场能消除闷热的夏雨。

雨停了以后，看着树叶上凝结着的像宝石一样的水珠，便觉得再没有比这更清新的了。

坐在阳台上，放一块甜甜的饼干或一勺布丁在嘴里，就算是夏季的酷热也能幸福地摆脱掉。

伯爵红茶达垮司
★ ☆ ☆

这是外表酥脆、内里松软的法式烤饼干。达垮司和马卡龙一样是法式蛋白霜糕点的代表。达垮司里面夹上黄油奶油、鲜奶油、巧克力酱或果酱等都很好吃，放草莓或蓝莓等鲜水果也很美味！特别是，达垮司在制作时所用的食材简单，做的方法也简单，是一款即便是不常做烘焙的朋友也能做好的糕点。

12~15个

鸡蛋清3个，砂糖30g，杏仁粉80g，糖粉50g，低筋面粉20g，伯爵红茶4g，香草香精适量，扑撒用糖粉适量
巧克力夹心 黑色挂皮用巧克力100g，鲜奶油50g

搅拌碗，手动搅拌器，筛子，刮刀，圆形花嘴，裱花袋，烘焙纸，烤盘，冷却网

180℃ 13min

50min

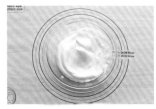

1 用手动搅拌器打发鸡蛋清，打出泡沫后把30g砂糖分三次放入，一直搅打直到成为能形成尖角的蛋白霜。

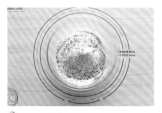

2 放入筛好的杏仁粉、糖粉、低筋面粉、香草香精和伯爵红茶，轻轻地快速搅拌。

3 把面糊装入戴好圆形花嘴的裱花袋中。

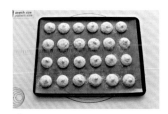

4 在铺好烘焙纸的烤盘中挤出直径约为2.5cm的面团，把扑撒用的糖粉用筛子边筛边撒在小面团上，撒两遍。

5 放入预热至180℃的烤箱中烤13min。

6 烤好后放在冷却网上充分冷却。在锅中放入巧克力和鲜奶油煮成巧克力酱，在一块达垮司的底面上抹好，盖上另一块达垮司就完成了。

用黄油奶油和花生奶油代替巧克力酱也很合适。配上草莓果酱或蓝莓果酱也很美味。
Tips 考维曲巧克力在隔水熔化的时候，巧克力的温度需要升升降降，在最后稍微加热，需要进行保持稳定的回火操作，但是挂皮用巧克力不需要回火操作也有光泽，因此使用柔软的挂皮用巧克力更便利。

土豆布丁
★☆☆

谁能想到土豆可以变得如此美味香甜！这是用既清淡又营养丰富的土豆做出来的土豆布丁。这是让挑食的孩子爱吃土豆最好的方法。

 土豆80g，牛奶150g，鲜奶油60g，鸡蛋1个，鸡蛋黄1个，砂糖45g

布丁瓶4个

 搅拌碗，打蛋器，搅拌机，布丁瓶，烤盘

 100℃ 30min 50min

1 土豆去皮，用搅拌机搅碎。

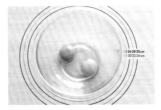

2 在搅拌碗中放入1个鸡蛋和1个鸡蛋黄搅拌至没有疙瘩。

3 放入定量的砂糖搅拌。

4 放入搅好的土豆好好搅拌。

5 放入牛奶和鲜奶油再次好好搅拌。

6 装入布丁瓶中，在预热至100℃的烤箱中加水烤30min就完成了。

加水烤是指在有深度的烤盘中倒入2/3高度左右的水，再放入布丁瓶，然后放入预热好的烤箱中烤制。

Tips
　　土豆布丁冷着吃比热着吃更好吃。土豆布丁中因为放了鸡蛋、鲜奶油和牛奶，所以要尽快食用。若没有马上吃完，密封后冷藏保存。

- 160 -

咖啡果冻
★☆☆

在炎热的夏季，享受柔嫩凉爽的果冻，满嘴的柔软，隐隐的咖啡香，在炎炎盛夏，完全可以用其来避暑。

牛奶200g，龙舌兰糖浆20g，板状明胶4张，咖啡提取液（速溶咖啡2大勺+热水适量）

8个

 搅拌碗，打蛋器，煮锅，果冻模具

 2h10min（包括在冷藏室中成型的时间）

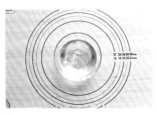

1 把板状明胶放在凉水中泡5min。

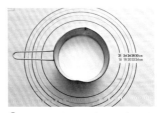

2 在煮锅中放入牛奶和龙舌兰糖浆，放在火上加热到温热的程度。

用1杯浓缩咖啡也行。

3 在两大勺的速溶咖啡中加入热水让咖啡溶化做成咖啡提取液。

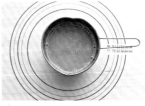

4 把咖啡提取液倒入加热的龙舌兰牛奶中，放入挤去水分的明胶好好搅拌。

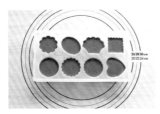

5 在果冻模具中多喷几次水后，把做好的咖啡糊倒进去，放在冷藏室中成型2h就完成了。

Tips 　使用特别形状的模具做果冻的时候，无论是北欧模具还是硅胶模具或者塑料模具，在倒入糊状食材之前都要充分喷水，这样才能让果冻容易脱模。

火腿芝士司康
★ ☆ ☆

这是不放砂糖和黄油也很美味的火腿司康，软软的，嫩嫩的。男士们一般不是很喜欢甜甜的面包或者饼干，火腿芝士司康就是为了这样的男士和孩子们准备的甜点。

6个

低筋面粉160g，盐2g，泡打粉4g，玉米淀粉30g，葡萄籽油20g，鲜奶油120g，火腿50g，帕玛森干酪粉50g，胡椒粉适量，香芹粉、罗勒粉、迷迭香粉等香草粉各适量

 搅拌碗，打蛋器，筛子，刮刀，保鲜膜，烘焙纸，烤盘，刮板

 180℃ 15~18min

 1h（包括放在冷藏室的时间）

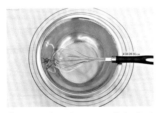

1 在搅拌碗中放入葡萄籽油后放入盐，好好搅拌。

2 放入筛好的低筋面粉、泡打粉、玉米淀粉和胡椒粉，用刮刀搅拌。

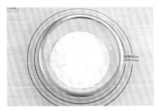

3 放入鲜奶油搅拌。

4 放入切碎的火腿和帕玛森干酪粉、香草粉好好搅拌。

5 将食材揉成一团用保鲜膜包好，放在冷藏室中醒30min。

6 用刮板将醒好的面团切成适当大小，在预热至180℃的烤箱中烤15~18min就完成了。

Tips 做司康的时候，为了在和面时不生成面筋，用刮刀刮拨搅拌是重点。使用面粉中蛋白质含量较低、面筋形成得较少的低筋面粉比较好。

AUGUST

盛夏的夜晚，享用着与冰爽的啤酒相伴的小吃

8月，外面下起了倾盆大雨，雨停后迎接蔚蓝的天空和灿烂的阳光吧。

就算是在一动不动也会流汗的夏日，在一天的暑气开始消散的傍晚，坐在公园里喝一杯冰爽的啤酒，是唯有在夏日里才能感受到的浪漫。这里就介绍一下和啤酒很相配的美味小吃。

NO!
黄油

NO!精制面粉

培根条
★☆☆

中午的热潮仍未消退，夕阳西下的某个夏日，在公园里迫切地想喝一杯清凉啤酒的时候，简单地搭配上培根条，这是让人上瘾的味道！

长15cm
13~15个

黑麦面粉200g，培根4条，鸡蛋1个，砂糖15g，盐适量，泡打粉1/2小勺，牛奶20g，葡萄籽油20g，蒜末1大勺，香草粉1大勺，帕玛森干酪粉1大勺，牛奶（刷培根用）适量

平底锅，刀，搅拌碗，打蛋器，筛子，刮刀，烘焙纸，烤盘，比萨刀

 180℃ 8~10min 50min（包括放在冷藏室的30min）

1 把培根烤脆，去油后切丁。

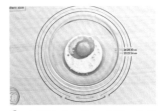

2 在搅拌碗中放入鸡蛋、牛奶和葡萄籽油好好搅拌。

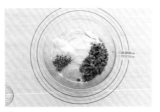

3 放入黑麦面粉、培根丁、砂糖、盐、泡打粉、蒜末、香草粉和帕玛森干酪粉。

4 好好搅拌成团以后放在冷藏室中醒30min。

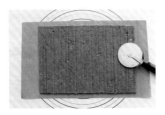

5 在烘焙纸上面放上面团，用擀面杖尽可能地擀薄后，用比萨刀切成长条。

6 间隔开放在铺好烘焙纸的烤盘上，在表面上刷好牛奶，然后放在预热至180℃的烤箱中烤8~10min就完成了。

培根的香味和蒜末、香草粉、干酪粉特有的味道奇妙地结合在一起，简单又顺口的啤酒下酒菜就有了。还可以根据个人喜好配上辣椒酱或番茄酱，也很不错哦！

黑麦咖喱饼干

★☆☆

为了特别喜欢咖喱的家人，在做饼干的时候放了咖喱。结果香喷喷的黑麦和有味道的咖喱真的非常相配。

6cm
22~24个

低筋面粉50g，黑麦面粉100g，盐1撮，葡萄籽油30g，龙舌兰糖浆15g，蜂蜜15g，咖喱粉1小勺，桂皮粉1小勺，水2大勺

 搅拌碗，打蛋器，筛子，刮刀，保鲜膜或保鲜袋，擀面杖，圆形饼干模具，饼干印章，烘焙纸，烤盘

 180℃ 8~10min

 50min
（包括放在冷藏室的30min）

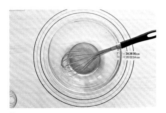

1 在搅拌碗中放入葡萄籽油、龙舌兰糖浆和蜂蜜搅拌。

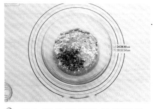

根据和面的程度把2大勺水分次放入搅拌。

2 放入提前筛好的低筋面粉、黑麦面粉、咖喱粉、桂皮粉，好好搅拌。

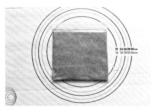

3 把面团用保鲜膜包好或者放入保鲜袋里，然后放入冷藏室中醒30min。

4 用擀面杖尽可能地把面团擀薄。

5 用圆形饼干模具和饼干印章刻出饼干形状。

6 放在预热至180℃的烤箱中烤8~10min就完成了。

Tips 咖喱的主要成分姜黄中含有大量的姜黄色素，不仅有助于肿瘤的治疗，而且有防止脑神经细胞受损的功能，对于预防阿尔茨海默症也有效果。

迷你香肠卷
★★☆

香肠面包的主角不是面包而是香肠，圆鼓鼓有点咸的香肠整个地放在里面，作为啤酒的下酒菜是非常合适的。

高筋面粉300g，砂糖20g，盐3g，牛奶150g，葡萄籽油15g，干酵母6g，迷你小香肠9个，香芹粉适量，牛奶（刷面团用）适量

9个

面包机，湿棉布或塑料布，锅，筛子，刷子，烘焙纸，烤盘

180℃ 12~14min

2h30min

1 在面包机中放入牛奶、砂糖、盐、葡萄籽油和高筋面粉，然后在上面撒上干酵母后开始和面。

2 将和好的面团放在面包机里进行一次发酵，直到面团胀发到原来体积的1.5~2倍。

3 一次发酵结束后把面团取出，分成9等份后揉成圆团，用湿棉布盖好进行15min的中间发酵。

4 这期间，把迷你小香肠放在沸水中焯一下后去除水分。

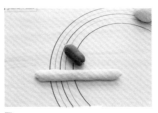

5 把中间发酵结束后的面团用手掌搓成长条后缠在香肠上面。

6 在铺好烘焙纸的烤盘上将一个个香肠面团排放好，用塑料布或湿棉布盖好，进行20~25min的二次发酵。

7 二次发酵结束后的面团上面要刷上薄薄的一层牛奶后再撒上香芹粉，然后放入预热至180℃的烤箱中烤12~14min就完成了。

Tips 在家里做的面包一般容易变硬，所以冷却以后要马上密封，准备以后食用的面包要进行冷冻保存。冷冻保存的面包自然解冻以后，在微波炉中加热10~12s就可以吃了。

蔬菜脆薄饼干
★☆☆

如果想要找到一种味道不错、吃起来也没什么负担的微咸健康零食，我推荐蔬菜脆薄饼干。加入了米粉、洋葱粉和日本蔬菜拌饭料制作而成的脆薄饼干，老少皆宜，是凉爽啤酒的好搭档。

40~50个

低筋米粉150g，泡打粉2g，盐1g，玉米低聚糖30g，炼乳10g，葡萄籽油30g，洋葱粉8g，日本蔬菜拌饭料4g

 搅拌碗，打蛋器，筛子，保鲜膜，擀面杖，饼干模具，烘焙纸，烤盘

 190℃ 10~12min

 50min
（包括放在冷藏室的30min）

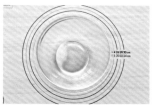

1 在搅拌碗中放入葡萄籽油、炼乳、玉米低聚糖好好搅拌。

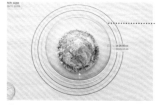

根据和面的程度放1大勺水也可以。

2 放入提前筛好的低筋米粉、泡打粉、盐、日本蔬菜拌饭料和洋葱粉。

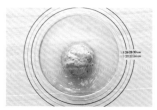

3 将食材揉成一团后，用保鲜膜包好放在冷藏室中醒30min。

4 用擀面杖把面团擀成厚0.3cm的面片。

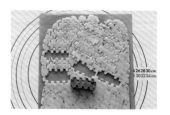

5 用饼干模具刻出形状。

6 放在铺好烘焙纸的烤盘上，在预热至190℃的烤箱中烤10~12min就完成了。

 日本蔬菜拌饭料也可以用胡萝卜碎和葱碎代替，在平底锅中炒到没有水分后放入面团中使用就行。炒的时候不要放食用油，用小火炒，不要炒煳了，炒脆就行。

SEPTEMBER
节日礼物现在也亲自做

9

9月，夏季绿绿的树叶在此时被染成了红色。

因为炎热的天气而暂时远离的烤箱慢慢开始启动吧。

中秋的临近拉开了秋天序幕，喜欢家庭烘焙的人们，菜篮子里装满了秋天新鲜的天然食材。

和最亲爱的家人们一起吃着甜点，享受迎接秋季的幸福感吧！

NO!
黄油

月饼
★☆☆

充满了坚果，香醇而不甜，适合全家一起食用。中秋临近，多做一些可以分给朋友
和同事。虽然不是很华丽，但却简单朴素而满载情义。

8个

鸡蛋1个，砂糖40g，蜂蜜15g，葡萄籽油20g，
盐1撮，低筋面粉150g，杏仁粉20g
馅 豆沙200g，核桃碎80g
其他 蛋液适量

搅拌碗，打蛋器，筛子，刮刀，保鲜膜，
月饼模具，烘焙纸，烤盘，刷子

 170℃ 15min

 50min
（包括放在冷藏室的30min）

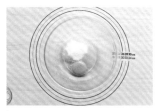

1 在搅拌碗中放入鸡蛋、砂糖和盐好好搅拌。

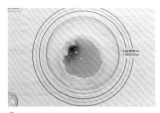

2 放入蜂蜜和葡萄籽油好好搅拌。

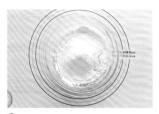

3 放入筛好的低筋面粉和杏仁粉搅拌至看不见生面粉。

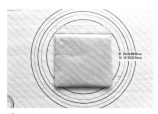

4 揉好的面团用保鲜膜或塑料密封后放入冷藏室里醒30min。

5 这期间，在豆沙中放入核桃碎好好搅拌，把豆沙馅分成8等份团成圆团。

核桃碎在不放油的锅里稍微炒一下会更香。

6 把醒好的面团分成8等份揉成圆团。

7 把面团擀一下后，把豆沙馅放在中间，收口。

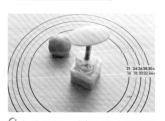

8 把收口的一边朝下放入月饼模具中，使劲按压出形状。

9 在月饼表面刷上薄薄的蛋液后，放在预热至170℃的烤箱中烤15min就完成了。

Tips

月饼和日式馒头很像，但是又不完全一样。除了月饼是中国糕点，日式馒头是日本糕点这个区别外，放个放泡打粉也是二者很大的不同点。日式馒头在做的时候要放泡打粉，口感更柔软一些。

月饼做好后虽然马上吃很好吃，但是在密封的状态下保存一天后会变得更加柔软细滑。

NO!
色素

NO!
黄油

NO!
精制面粉

NO!
油

三色羊羹
★☆☆

这是因柔软的姿态、甜甜的味道而闻名的三色羊羹！你是不是正在苦恼节日将近，却不知道应该选什么礼物呢？我向你推荐三色羊羹。这款甜品不仅看起来新颖诱人，收到礼物的人也会加倍感动的。

边长25cm 1个	**红色** 红豆沙250g，水100g，琼脂1小勺，砂糖15g，玉米低聚糖或糖稀15g	**粉色** 白豆沙250g，水100g，琼脂1小勺，砂糖15g，玉米低聚糖或糖稀15g，百年草粉1大勺+水1大勺

白色 白豆沙250g，水100g，琼脂1小勺，砂糖15g，玉米低聚糖或糖稀15g

 锅，刮刀，四方形模具，垫纸，刀

 3h
（包括成型的时间）

1 先做红色羊羹。在锅里放入水和琼脂泡开。

2 用中火把锅里的水煮开了以后变成小火，然后放入红豆沙好好搅拌。

3 放入砂糖和玉米低聚糖后好好搅拌，在小火上煮2min左右熬成糊。

4 在慕斯模具或四方形模具中铺上垫纸后，放入煮好的豆沙糊抹平，放在冷藏室中冷却。

5 这期间做白色羊羹。在洗干净的锅里放入水和琼脂泡开后，放入白豆沙好好搅拌。

6 放入用水调好的百年皁粉，好好搅拌至没有疙瘩。

7 放入玉米低聚糖和砂糖好好搅拌后，用小火煮2min左右熬成糊。

8 成型好的红色豆沙用手触摸一下若不粘手放入粉色豆沙糊，抹平后再次放入冷藏室中。

9 最后，白色羊羹也用同样的方法，在洗干净的锅里放入水和琼脂泡开后，放入白豆沙好好搅拌。

10 放入玉米低聚糖和砂糖好好搅拌，用小火煮2min左右熬成糊。

11 成型好的粉色豆沙用手触摸一下若不粘手放入白色豆沙糊，抹平。

12 放在阴凉处或冷藏室中2h左右完全成型后，从模具中拿出来，切成方便食用的大小就完成了。

我做过红色-粉色-白色的三色羊羹。你也可以根据喜好放入绿茶粉或者南瓜粉，做成其他颜色的三色羊羹。另外，也可以放入栗子丁或者柿饼和核桃等，根据自己的创意制作。

木斯里能量棒
★☆☆

在各种谷物中放入坚果和水果干做成的木斯里能量棒，放在牛奶和酸奶里很好吃，烤脆以后单个包装好，可以在忙碌的早上拿出一个当作早餐。对于那些早上时间紧迫的人来说，没有比这更好的礼物了。

木斯里200g，坚果碎或者水果干适量，砂糖15g，玉米低聚糖50g，水15g，葡萄籽油10g

10个

平底锅，蛋糕模具或慕斯模具，刀，垫纸，油纸，刮刀

50min

（包括成型的时间）

可以根据喜好再加点坚果或水果干。

1 准备好木斯里。

2 在锅里放入水、葡萄籽油、砂糖、玉米低聚糖，在中火上好好搅拌，让砂糖充分溶化。

3 放入木斯里好好搅拌翻炒。

4 在蛋糕模具或慕斯模具中垫上垫纸后，放入炒好的木斯里，把表面抹平后用力按压。

用有装饰的油纸一个一个地包装好，不仅吃起来方便，看着也很漂亮。

5 像这样放着冷却，变得坚硬到一定程度以后用刀切成一定大小即可。

Tips
木斯里是由未煮的麦片和其他谷物、水果或水果干以及坚果做成的混合麦片，是20世纪初瑞士的一位医生为了他医院的病人研发的一种产品。木斯里和一般的燕麦片不同，因为使用了整个谷粒，富含膳食纤维、B族维生素和铁，不饱和脂肪酸、抗氧化剂及其他维生素等的含量也很高。

黑芝麻费南雪
★☆☆

费南雪（Financier）因为样子长得像"金块"，因此得名。原来常见的做法是放加热的黄油，但我是用植物油代替黄油做的，软软的，香香的。就算不放黄油，风味和香气也很好的黑芝麻费南雪！足够满足大人们的口味了。

黑芝麻20g，低筋面粉25g，杏仁粉50g，玉米淀粉5g，泡打粉2g，鸡蛋清100g，砂糖45g，蜂蜜20g，盐1撮，葡萄籽油35g，装饰用黑芝麻和白芝麻适量

12个

 搅拌机，搅拌碗，打蛋器，筛子，刮刀，裱花袋，费南雪烤盘

 170℃ 13~14min 50min

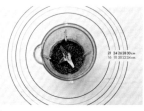

1 把黑芝麻提前用搅拌机打碎备用。

2 把鸡蛋清用打蛋器搅拌后，放入砂糖、盐和蜂蜜搅拌至砂糖溶化。

3 在提前筛好的低筋面粉、杏仁粉、玉米淀粉、泡打粉中放入打碎的黑芝麻，放入步骤2中搅拌好的鸡蛋清混合液，搅拌至没有疙瘩。

4 放入葡萄籽油，搅拌至光滑均匀。

5 装入裱花袋中放在冷藏室中静置30min。

6 在费南雪烤盘中装入80%左右容量的面糊，在上面撒上装饰用的白芝麻和黑芝麻，然后放入预热至170℃的烤箱中烤13~14min就完成了。

 如果没有费南雪烤盘，可以用棒模具或者迷你玛芬模具烤，用一次性纸质烧酒杯也能烤出很漂亮的样子。

OCTOBER

难忘的万圣节派对！

10

从西方传来的万圣节是在每年的10月31日，人们装扮成鬼怪或幽灵以及漫画主人公等的样子，度过这欢快的节日。这一天是"用食物开玩笑也能得到原谅的日子"。这里有将眼珠形状的砂糖做成装饰的杯蛋糕，有流血的巫婆的手指饼干等，即使不是很可怕的样子，也可以做出我独有的万圣节饼干和蛋糕，送给身边的人作礼物。

这会成为一年中最充满神秘和惊喜的日子。

幽灵蛋白脆饼干
★☆☆

做饭或者烘焙的时候只剩下鸡蛋黄或者只剩下鸡蛋清的情况非常多。剩下鸡蛋清的时候试试做蛋白脆饼干吧。耐嚼的香甜味道非常有魅力。做出幽灵样子的饼干迎接万圣节真是才气满分!

鸡蛋清70g,白砂糖50g,巧克力笔1根或者装饰用巧克力适量

30个

 搅拌碗,手动搅拌器,圆形花嘴,裱花袋,烘焙纸,烤盘,冷却网

 110℃ 1h20min   1h50min

1 把冷藏的鸡蛋清打出泡沫。

2 分三次放入白砂糖搅打。

为了保持冰凉的状态,用不锈钢的搅拌碗比玻璃的好。

3 搅打成能够拉出白白的尖角的蛋白霜。

4 装入戴好1cm圆形花嘴的裱花袋中。

因为手的温度可能会让蛋白霜渐渐变软,所以要尽可能地快速操作。

5 在铺上了烘焙纸的烤盘中用手一松一紧地反复挤出蛋白霜,在预热至110℃的烤箱中烤1h20min。

6 从烤箱中取出饼干以后冷却,冷却好后用巧克力笔在上面加以装饰就完成了。

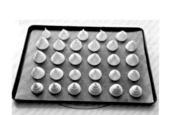

Tips 蛋白饼干因为水分较多,所以如果不进行长时间的低温烘烤,最开始会很脆,但是时间一长就会回软。另外,做好后应尽快食用。

万圣节巧克力蛋挞
★☆☆

10月的最后一天是万圣节！酥脆的蛋挞中填满了甜甜的巧克力酱，上面还有香喷喷的甜南瓜饼干。让我们和杰克南瓜灯、女巫帽子还有幽灵等可爱的装饰一起尽情地享受万圣节吧！

市场上卖的蛋挞皮8个，装饰用坚果碎适量，巧克力屑适量，蓝莓饼干碎适量，巧克力笔1根

巧克力酱 巧克力100g，鲜奶油100g

直径8.5cm
8个

甜南瓜饼干 低筋面粉70g，全麦面粉30g，泡打粉4g，桂皮粉适量，甜南瓜泥120g，砂糖50g，葡萄籽油30g

搅拌碗，打蛋器，筛子，刮刀，保鲜膜，烘焙纸，饼干模具，冷却网，煮锅里用的碗

 180℃ 10~20min

1h

1 在搅拌碗中放入葡萄籽油和砂糖好好搅拌。

2 放入甜南瓜泥。

3 放入提前筛好的低筋面粉、全麦面粉、泡打粉、桂皮粉轻轻搅拌。

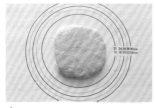

4 揉好的面团用保鲜膜包好或用保鲜袋装好，放在冷藏室中醒30min。

5 将醒好的面团用擀面杖擀薄后，用饼干模具刻出形状。

6 将刻好形状的饼干摆放在烤盘上，放在预热至180℃的烤箱中烤10~12min，取出后放在冷却网上充分冷却，冷却后用巧克力笔在上面做出装饰。

7 准备好蛋挞皮。

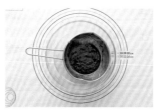

8 把鲜奶油和巧克力隔水熔化混合制成巧克力酱。

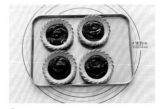

9 在蛋挞皮中装满巧克力酱。

10 在上面放上坚果碎、蓝莓饼干碎、巧克力屑以及做好的甜南瓜饼干作装饰，这样就完成了。

Tips

若没有做蛋挞皮的时间，偶尔使用市场上卖的蛋挞皮也可以。但是，购买市场上卖的蛋挞皮时，运送的时候有可能会碎掉，所以，在烘焙店里或者进口食品超市等地亲自选购会更好。

万圣节花盆蛋糕
★☆☆

为了迎接万圣节，试着做有趣的蛋糕吧。用弄碎的奥利奥饼干做的像泥土一样的花盆蛋糕，营养满分，里面放了清淡柔软的豆腐奶油和甜甜的巧克力奶油。

巧克力奶油 鸡蛋黄90g，砂糖70g，牛奶300g，香草香精适量，低筋面粉15g，玉米淀粉15g，黑巧克力100g，黄油10g

豆腐奶油 豆腐350g，牛奶50g，白巧克力70g，香草香精适量

其他 奥利奥饼干300g，蚯蚓样子的软糖适量

1L、470ml 各1个

擀面杖，保鲜袋，搅拌机，搅拌碗，筛子，锅，煮锅里用的碗，玻璃瓶

50min

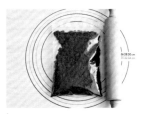

1 除掉奥利奥饼干上的奶油后，把饼干弄碎。

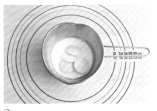

2 加热牛奶后放入白巧克力使其熔化。

3 在搅拌机中放入豆腐和步骤2中做好的巧克力牛奶黏稠液进行搅拌。

豆腐要提前稍微焯一下，去除多余水分后备用。

4 放入香草香精搅拌，豆腐奶油就做好了。

5 在搅拌碗中放入鸡蛋黄、香草香精和砂糖搅拌。

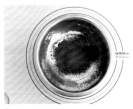

6 放入牛奶和提前筛好的低筋面粉、玉米淀粉好好搅拌。

7 转移到锅里，好好搅拌，放入已经熔化的黑巧克力和黄油再搅拌。

8 在玻璃瓶里放入弄碎的奥利奥饼干。

9 在饼干上面放上巧克力奶油和豆腐奶油。

10 在最上面装点上奥利奥饼干碎后，用软糖作装饰就完成了。

Tips
用烤好的巧克力海绵蛋糕切碎后代替市场上卖的奥利奥饼干，味道也很好。

甜南瓜芝士蛋糕
★☆☆

甜南瓜带来了既独特又浓厚的味道。甜南瓜因为既有甜味又很香，所以是天然食品烘焙中常会用到的食材。试试用甜南瓜芝士蛋糕来为万圣节增添难忘的回忆吧。

直径10cm
6个

甜南瓜泥200g，奶油芝士250g，原味酸奶75g，黄砂糖60g，鲜奶油100g，鸡蛋2个，香草香精1小勺，玉米淀粉20g

 搅拌碗，打蛋器，筛子，刮刀，纸质玛芬模具，烹饪锡纸，烤盘

 170℃ 40~45min

 1h20min

1 在搅拌碗中放入室温下熔化的奶油芝士轻轻搅拌，加入黄砂糖和原味酸奶以及香草香精好好搅拌。

2 放入提前碾碎的甜南瓜泥好好搅拌。

3 放入提前打好的鸡蛋和鲜奶油好好搅拌。

4 放入玉米淀粉搅拌。

我用的是一次性玛芬杯，因为是纸质的，怕湿，所以又另外加了一个烤盘。如果是防水的模具，直接在加了水的烤盘中放上模具就行了。

5 在纸质玛芬模具或圆形模具中倒入面糊，放上用甜南瓜皮做的眼睛、鼻子和嘴，在烤盘中倒入一些水，在预热至170℃的烤箱中烤40~45min就完成了。

甜南瓜因其特有的甜甜的味道和黄黄的颜色是烘焙中经常使用的食材。它富含具有抗氧化作用的叶黄素和β-胡萝卜素，对于增强免疫力很有帮助。

NOVEMBER

和心爱的人一起过"11·11"

11

有时候会觉得只要有真心就好，不需要烦琐地过每一个纪念日。
但是，越是相处时间长久的恋人和平时不常常表达彼此内心的家人，
在特别的日子里，越应该用心准备给对方惊喜。
在爸爸的外套口袋中悄悄地放进心形派派乐，在妈妈的梳妆台上放上可爱的小狗派派乐，
给孩子们小熊派派乐作礼物。还可以给亲爱的他精心制作巧克力棒蛋糕！

小熊派派乐
★☆☆

小熊的样子太可爱了！这样的东西应该和家人一起做才能获得双倍的快乐。和恋人一起做也好，和孩子一起做也非常不错！

贝壳巧克力10个，棒棒饼干10个，黑色装饰用巧克力100g，黑色硬币状巧克力5个，白色硬币状巧克力10个，黑色巧克力笔1根，白色巧克力笔1根

巧克力酱 黑色巧克力100g，鲜奶油100g

10个

  搅拌碗，蒸锅里用的碗，饼干冷却网

1h

巧克力酱是在加热的鲜奶油中熔化黑色巧克力制成的。

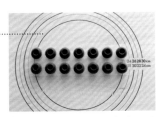

1 在贝壳巧克力的孔中注入总量70%的巧克力酱。

2 在巧克力酱变硬之前插入棒棒饼干，等其完全成型。

3 把装饰用的黑色巧克力隔水熔化。

4 在贝壳巧克力上裹上装饰用的黑色巧克力，利用杯子或者饼干冷却网让巧克力不要被碰到，晾干后，粘上硬币状巧克力。

5 用巧克力笔画出眼睛、鼻子、嘴巴就完成了。

Tips 小熊的眼睛和鼻子要在裹上的巧克力完全变硬以后再画才能不晕开。用白色的贝壳巧克力做成兔子或猫咪等各种各样的小动物也很不错！

NO!
黄油

心形
派派乐 ★★☆

在越嚼越香的意大利面包条上刷上巧克力，再撒上彩色装饰糖，做出与众不同的派派乐。送给爱的人独一无二的礼物。

长25cm
10个

高筋面粉100g，全麦面粉100g，干酵母4g，盐3g，砂糖10g，橄榄油15g，温水140g，黑色装饰用巧克力100g，彩色糖适量，银珠适量

面包机，筛子，擀面杖，刮板，烘焙纸，烤盘，冷却网，煮锅里用的碗

 200℃ 15~20min

 2h10min

1 在面包机中依次放入温水、橄榄油、盐、筛好的高筋面粉、全麦面粉、砂糖、干酵母，和成面团。

2 在面包机中进行约1小时的一次发酵，直到面团的体积胀到原来的1.5~2倍。

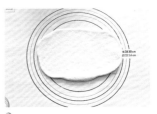

3 取出一次发酵好的面团，用擀面杖擀出气泡。

4 用刮板或刀将面团分成适当大小后，用两手的手掌从中间向两端搓成面棍。

5 把面棍的一端做成心形模样。

6 放在铺好烘焙纸的烤盘上，在预热至200℃的烤箱中烤15~20min。

7 完全冷却后裹上隔水熔化的黑色装饰用巧克力，用彩色糖和银珠装饰就完成了。

Tips 也可以根据个人喜好在巧克力表面撒上核桃碎或杏仁片等坚果，也非常棒。

小狗派派乐
★ ☆ ☆

"11·11"就是巧克力棒节。但是如果就那么平平常常地过又有点可惜。在家里亲自做，是不是会有特别的意义呢？给喜欢动物的朋友们送去可爱的小狗巧克力棒吧！

长12cm
10~12个

低筋面粉150g，鸡蛋1个，杏仁粉20g，糖粉60g，盐1撮，葡萄籽油30g，香草香精1小勺，无糖可可粉7g，可可粉（画五官用）适量

搅拌碗，打蛋器，筛子，刮刀，擀面杖，饼干模具，烘焙纸，模板，毛笔，烤盘，保鲜膜或保鲜袋

 180℃ 12~15min

 1h
（包括放在冷藏室的30min）

1 在搅拌碗中放入葡萄籽油、鸡蛋、糖粉、盐、香草香精好好搅拌。

2 放入筛好的低筋面粉和杏仁粉轻轻搅拌至看不到生面粉。

3 分出面团的1/3，剩下的放入无糖可可粉制成巧克力面团。

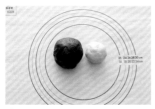

4 把两种面团用保鲜膜或保鲜袋密封后，放入冷藏室中醒30min。

5 用擀面杖把面团擀成0.2~0.3cm厚的面片，把两个面片粘起来。

这时，在两个面片相接的部分稍微洒点水，用擀面杖把整个面片再擀一遍就能粘好了。

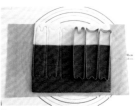

6 用饼干模具刻出需要的形状。

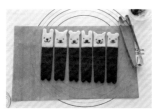

7 用可可粉画出眼睛、耳朵、嘴巴和鼻子。在预热至180℃的烤箱中烤12~15min就完成了。

如果不好意思当面表达爱意，试着给想要告白的人做充满心意的礼物怎么样？如果收到了这样既漂亮又浪漫的巧克力棒蛋糕，对方一定可以马上了解你的心意。

草莓味挂皮用巧克力100g，白色挂皮用巧克力100g，草莓味巧克力刨花120g，11cm长的棍棒饼干50个，海绵蛋糕1片，蓝莓果酱适量，装饰用饼干适量，裱花用黑巧克力和白巧克力各适量

直径12cm
1个

巧克力酱 黑巧克力200g，鲜奶油200g

煮锅里用的碗，烘焙纸，烤盘，蛋糕转台，慕斯圈，裱花袋，抹刀

1h（包括烤海绵蛋糕的时间）

1 把草莓味挂皮用巧克力隔水熔化。

2 把一半的棍棒饼干只留2~3cm，其他地方都裹上巧克力，然后上下晃动让多余的巧克力坠落。放在铺好烘焙纸的烤盘里成型。把裱花用白巧克力装在裱花袋中在巧克力外皮上画"之"字。

3 白色挂皮用巧克力也用同样的方法隔水熔化，将另一半棍棒饼干只留2~3cm后裹上巧克力成型，将裱花用黑巧克力装在裱花袋中在巧克力外皮上画"之"字。

烤杰诺瓦士的方法请参考本书10页。

4 把准备好的海绵蛋糕切成1.5cm厚，用直径12cm的慕斯圈压出5个备用。

5 在海绵蛋糕切片上面放上少许蓝莓果酱抹开。

6 再放上海绵蛋糕切片，重复抹上果酱。

7 在加热的鲜奶油中加入黑巧克力熔化制成巧克力酱。

8 在蛋糕上倒上巧克力酱，用刮刀或巧克力抹刀在蛋糕的上面和侧面抹开，要抹得表面光滑。

9 在巧克力完全成型前，密密地排上做好的巧克力棒。

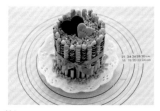

10 再在上面放满草莓味巧克力刨花，系上装饰带，放上饼干就完成了。

Tips 海绵蛋糕切片间的夹心可以用巧克力酱代替果酱，或者抹上花生酱也很好吃。

DECEMBER

Happy，Merry Christmas圣诞快乐！

12

哼着不知从哪儿听来的圣诞颂歌，看着闪烁着五彩缤纷光芒的圣诞树，
今年也毫不例外地开始思考这次圣诞节烤什么样的饼干，
做什么样的蛋糕装饰？这样的话，就算没有约会，独自一人过圣诞节，
也会让心灵的某个角落颤动。就像在大家都睡着的时候，
被圣诞老爷爷偷偷放下的礼物一样，这样的存在给人惊喜。

圣诞印花饼干
★☆☆

用天然粉末代替色素制作的麋鹿和圣诞树形状的饼干是圣诞季作为礼物非常不错的选择。吃了很可惜？那么就代替装饰品挂在圣诞树上吧，也非常漂亮呢！

 低筋面粉300g，葡萄籽油30g，鸡蛋1个，砂糖80g，盐1/4小勺，香草香精1小勺，水10g，百年草粉适量，绿茶粉适量，无糖可可粉适量

25个

 搅拌碗，打蛋器，保鲜袋，擀面杖，烘焙纸，模板，刷子，饼干模，烤盘，小毛笔

 170℃ 8~10min

1h
（包括放在冷藏室的30min）

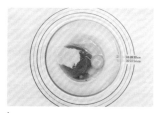

1 在搅拌碗中放入葡萄籽油、鸡蛋、砂糖和香草香精好好搅拌。

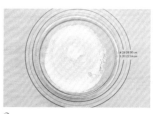

2 放入提前筛好的低筋面粉和盐搅拌，边搅拌边放入水。

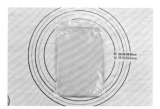

3 搅拌至看不见生面粉后，揉成一团，用保鲜膜或塑料包好弄平，然后放入冷藏室中醒30min。

4 把醒好的面团用擀面杖擀成0.3~0.4cm厚的面片。

5 放上模板后，用小毛笔或棉棒蘸着百年草粉、绿茶粉或无糖可可粉在模板上点着上色。

6 把模板小心地取下来后用饼干模具刻出形状。

7 放在铺好烘焙纸的烤盘上，在预热至170℃的烤箱中烤8~10min就完成了。

Tips 做印花饼干的时候，应该用小毛笔或者棉棒蘸着百年草粉或绿茶粉等有色粉末点着上色。一次不要蘸很多，蘸少量分多次才不容易晕开。

圣诞花环饼干

★☆☆

一到12月，家家户户以及路上闪烁的圣诞树装饰就会格外显眼。观赏的人和装扮的人都十分开心。现在向大家介绍挂在派对桌子上或者墙上的圣诞花环饼干，让大家充分感受圣诞的气息吧！

白豆沙250g，杏仁粉50g，鸡蛋1个，鲜奶油15g，抹茶粉1大勺，彩糖适量，银珠适量

30个

搅拌碗，筛子，刮刀，星星花嘴，裱花袋，烘焙纸，烤盘

170℃ 10~12min

30min

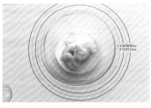

1 在搅拌碗中放入白豆沙、杏仁粉、鲜奶油和鸡蛋轻轻搅拌至没有疙瘩。

2 放入抹茶粉轻轻搅拌，不让抹茶粉成团。

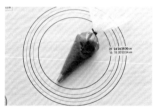

3 把做好的面糊装入戴好星星花嘴的裱花袋中，把上面绑起来。

4 在铺好烘焙纸的烤盘中挤出适当大小的圆环，放上各种彩糖及银珠。放入预热至170℃的烤箱中烤10~12min就完成了。

如果面糊的浓度较稀，就烤不出凹凸不平的样子，所以和面的时候要掌握好面糊的稠度。在装饰各种彩色糖的时候，稍微蘸点鸡蛋清会粘得更好，不容易掉。

绿茶慕斯杯蛋糕
★☆☆

随着圣诞节的临近，就算平时不怎么喜欢烘焙的人也开始想要做漂亮的蛋糕或者饼干了。对于烘焙新手来说不用担心失败，谁都能做得漂亮的就是杯蛋糕。如果没有准备圣诞树，就用像迷你圣诞树一样的绿茶慕斯杯蛋糕来代替吧！

鸡蛋1个，白砂糖60g，葡萄籽油30g，低筋面粉90g，无糖可可粉15g，黄砂糖30g，蜂蜜20g，盐1撮，泡打粉2g，牛奶20g，香草香精1/2小勺

5个
奶油糖霜 奶油奶酪250g，糖粉50g，抹茶粉5g
装饰 巧克力豆、银珠各适量

搅拌碗，打蛋器，筛子，刮刀，油纸，玛芬模具，花嘴，裱花袋

170℃ 25min

1h20min
（包括放在冷藏室的30min）

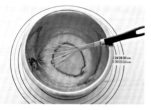

1 在搅拌碗中放入鸡蛋、白砂糖、黄砂糖、蜂蜜、香草香精搅拌。

2 放入牛奶和葡萄籽油搅拌。

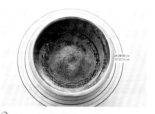

3 放入提前筛好的低筋面粉、无糖可可粉、泡打粉、盐好好搅拌。

4 把面糊装入裱花袋中，上面部分绑好后，放入冷藏室放置30min。

5 在铺好油纸的玛芬模具中放入80%左右容量的面糊，放入预热至170℃的烤箱中烤25min。

6 向在室温中软化好的奶油奶酪中放入糖粉和抹茶粉，搅拌均匀后装入裱花袋。

7 在冷却好的玛芬上面挤上奶油糖霜，用巧克力豆和银珠装饰就完成了。

 因为玛芬烤好以后会膨胀很多，所以不要忘记在向玛芬模具或油纸中倒入面糊的时候只倒入80%左右便可。

NO!
黄油

彩色玻璃糖饼干
★☆☆

就像古老教堂的玻璃窗装饰一样，这是闪亮亮的彩色玻璃糖饼干。用它代替装饰品挂在圣诞树上也非常漂亮。用这样的中间有甜甜水果糖的饼干来尽情释放过圣诞节的喜悦吧！

低筋面粉80g，杏仁粉20g，蜂蜜20g，盐1撮，香草香精1/2小勺，牛奶30g，葡萄籽油30g，水果糖5颗

25个

搅拌碗，打蛋器，筛子，刮刀，擀面杖，饼干模具，烘焙纸，烤盘，塑料袋或保鲜袋

180℃ 10~12min

1h
（包括放在冷藏室的30min）

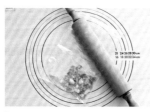

1 用擀面杖把水果糖擀碎备用。

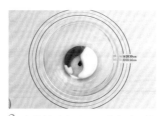

2 在搅拌碗中放入葡萄籽油、蜂蜜、盐、香草香精和牛奶搅拌。

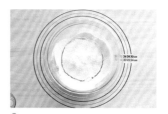

3 放入提前筛好的低筋面粉和杏仁粉好好搅拌。

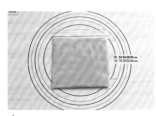

4 把面团用塑料袋或者保鲜袋装好，放入冷藏室醒30min。

5 醒好的面团用擀面杖擀成0.3cm厚的面片。

6 用饼干模具刻出形状，在中间抠出圆圆的部分。

7 在铺好烘焙纸的烤盘上放好饼干面片后，把粉碎的水果糖放在面片的中间，在预热至180℃的烤箱中烤10~12min就完成了。

 烤好的饼干就放在烤盘上冷却。直到熔化的糖变硬为止，然后包装或者放到盘子里。

蜂蜜西柚

西柚1个，蜂蜜或玉米低聚糖1~2大勺

1. 西柚横着切成两半。
2. 中间的籽用刀挖干净，用刀切几个口子方便用勺子挖果肉吃。
3. 根据个人喜好放入满满的蜂蜜或者玉米低聚糖。
4. 放在冷藏室或冷冻室中，放凉以后食用。

红色果汁 2杯

苹果2个，胡萝卜1/2根，
西红柿2个，红色灯笼椒1个

1. 把食材连皮洗干净，切成适当的大小。
2. 用原汁机或榨汁机榨汁。
3. 盖好保鲜膜放入冷藏室中保存一会儿，变凉爽以后食用。

蓝莓奶昔 2杯

蓝莓1杯，原味酸奶70g，牛奶200ml，
冰块适量，蜂蜜或糖浆适量

1. 蓝莓放在筛子中经流动的水漂洗后去除水分。（*如果是冷冻的蓝莓，直接使用也可以。）
2. 在搅拌机中放入蓝莓和原味酸奶、牛奶以及冰块搅打。
3. 根据个人喜好放入蜂蜜或糖浆就完成了。

橙子宾治 2杯

橙汁100ml，汽水200ml，白葡萄酒30ml，
糖浆1大勺，柠檬汁2大勺，糖浆或玉米低聚糖适量，薄荷叶适量

1. 在大碗或大水罐中放入橙汁、汽水、白葡萄酒和柠檬汁搅拌。
2. 根据个人喜好放入糖浆或玉米低聚糖。
3. 放上薄荷叶装饰好就完成了。

哈密瓜思慕雪 2杯

哈密瓜2块，牛奶300ml，
原味酸奶70g，糖浆或蜂蜜适量

1. 把哈密瓜切成适当大小。
2. 在搅拌机中放入哈密瓜、原味酸奶和牛奶细细搅碎。
3. 根据个人喜好添加糖浆或蜂蜜就完成了。

树莓思慕雪 2杯

树莓1杯，牛奶200ml，冰块3~4块，
柠檬汁1/4小勺，蜂蜜适量

1. 将树莓放在筛子中，经流动的水漂洗后去除水分。
2. 在搅拌机中放入树莓、冰块、牛奶和柠檬汁细细搅打。（*稍微放入一点柠檬汁会更爽口。）
3. 根据个人喜好放入蜂蜜就完成了。

桑格利亚汽酒 3杯

红葡萄酒300ml，汽水200ml，橙子1/2个，苹果1/2个，柠檬1/2个，薄荷叶适量

1. 橙子和柠檬用苏打（烘焙用）洗干净后，连皮切片。
2. 苹果也带皮切成适当大小。
3. 在瓶子或大水壶中倒入红葡萄酒和汽水，把切片的水果一层一层地放入。
4. 在中间放入苹果和薄荷叶。
5. 放在冷藏室中保存一晚就完成了。

芒果香蕉思慕雪

鲜芒果（罐头）1个，冰冻香蕉2根，
原味酸奶140g，牛奶适量

1. 把香蕉（冰冻）、芒果（罐头）用筛子滤水。（*芒果用罐头的或者新鲜的都行。）
2. 在搅拌机中放入芒果、冰冻香蕉和原味酸奶细细搅打。
3. 放入一点牛奶调节稠度即可。

Part 3

梦幻的婚礼

☕ 让咖啡时光增色的甜点　🍵 下午茶的时候思念的美味

🍼 牛奶的最佳伴侣　🍷 与啤酒、红葡萄酒、香槟酒相得益彰的小吃

双倍巧克力磅蛋糕
★★☆

双倍巧克力磅蛋糕入口，荡漾着松软柔滑纯正的黑巧克力的芬芳。配上一杯纯正香浓的咖啡，满满的幸福感！如果使用高级的法芙娜巧克力，风味更佳。

低筋面粉100g，无糖可可粉20g，泡打粉4g，砂糖70g，鸡蛋2个，葡萄籽油40g，香草香精1小勺，芒果干30g，牛奶30g，装饰用柠檬腌片适量
巧克力酱 黑巧克力40g，鲜奶油40g

2个

搅拌碗，打蛋器，筛子，迷你磅蛋糕模具，刷子，煮锅里用的碗，烤盘，冷却网

180℃ 20~25min

40min

1 将鸡蛋的蛋清与蛋黄分离。向鸡蛋清中放入砂糖打发至出现细腻的泡沫。

2 在碗中放入鸡蛋黄、葡萄籽油、牛奶搅打均匀后，放入香草香精和切碎的芒果干，再次进行搅拌。

3 放入提前筛好的低筋面粉、无糖可可粉、泡打粉轻轻搅拌至看不见生面粉。

4 在迷你磅蛋糕模具中刷上少许葡萄籽油。

5 将面糊放入模具中，为了消除气泡，敲底部两三次，在预热至180℃的烤箱中烤20~25min，放在冷却网上充分冷却。

6 在此期间，在加热至温热的鲜奶油中放入黑巧克力隔水熔化，做成巧克力酱后稍微冷却。

7 在做好的磅蛋糕上均匀地涂抹上巧克力酱，当第一遍涂抹的巧克力酱干了之后，再次均匀地涂抹一遍，用剩下的芒果干和柠檬腌片加以装饰就完成了

Tips 请将鸡蛋提前在室内常温中放置1~2h。如果是将冷藏后的鸡蛋直接放入和面食材中，则会因为相互不能很好地融合而造成鸡蛋和面粉分离。

NO! 黄油

巧克力杏仁莎堡曲奇
★☆☆

这是一种加入了巧克力和杏仁的莎堡曲奇。纯正的黑巧克力搭配香喷喷的杏仁使人大饱口福，感到满满的幸福。这是一款既不很甜又口感一流的曲奇。

20个

低筋面粉70g，全麦面粉70g，无糖可可粉5g，葡萄籽油30g，砂糖50g，盐1撮，鸡蛋1个，香草香精1小勺，巧克力30g，杏仁片50g

 搅拌碗，打蛋器，筛子，刮刀，锡纸或保鲜膜，刀，烘焙纸，烤盘

 170℃ 15min

 2h40min
（包括放在冷冻室的2h）

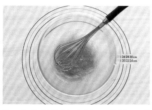

1 在葡萄籽油中放入砂糖、香草香精和盐搅拌至砂糖溶化。

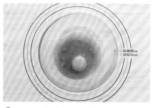

2 放入事先放置在室温里的鸡蛋搅拌。

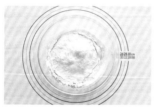

3 放入提前筛好的低筋面粉、全麦面粉和无糖可可粉搅拌至看不到生面粉。

4 放入杏仁片和巧克力，用刮刀刮划搅拌。

5 将面揉成圆柱状或者四棱柱状，用锡纸或者保鲜膜包好，放入冷冻室静置2h。

6 冷冻结束后，将面团切成0.7~1cm厚度的小片，放入烤盘中，在预热至170℃的烤箱中烤15min就完成了。

 面粉类要提前过筛的原因是要去除异物和防止面疙瘩的产生。在被压实的面粉粒子中间注入空气后，有益于使它和其他食材混合及均衡吸收水分。

让咖啡时光增色的甜点

NO!
黄油

苹果脆派
★ ☆ ☆

熟透的苹果香甜变身！这种苹果脆派是英国具有代表性的甜点之一。香甜的水果用烘焙好的酥粒加以装饰就做好了。

苹果2个，砂糖40g，桂皮粉适量，柠檬汁1大勺，蓝莓适量，杏仁片适量

酥粒 葡萄籽油20g，糖粉25g，盐1撮，玉米低聚糖5g，低筋面粉50g，脱脂奶粉3g

18cm×12cm 1个

 搅拌碗，打蛋器，刮板，锅，刀，烤箱容器

 180℃ 20min 40min

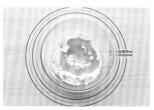

1 在葡萄籽油中放入糖粉和玉米低聚糖搅拌均匀后，放入提前筛好的低筋面粉。

2 用刮板不软不硬地刮成团，做成酥粒。

3 苹果洗净除去果核，切成扁薄的片备用。

4 在锅内放入切好的苹果片、砂糖、桂皮粉和柠檬汁熬制。

5 在烤箱容器内铺上熬制好的苹果片，在苹果片上面放上蓝莓和杏仁片。

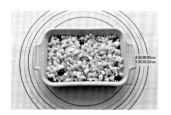

6 在上面满满地放上做好的酥粒，在预热至180℃的烤箱中烤20min就完成了。

Tips 若放入脱脂奶粉会更香，不放也可。在上面放蓝莓和杏仁片的时候也可以同时放点草莓或树莓等其他水果，也很好吃。

香蕉焦糖布雷
★☆☆

焦糖布雷是在蛋奶布丁上覆盖焦糖做成的法式甜点。柔柔的、颤动的布丁和香甜的焦糖层真是奥妙组合的代表作。浓郁的香草搭配上香甜的香蕉是如此的香味十足。

4个 香草豆荚1/2个，鸡蛋黄3个，鲜奶油300g，砂糖30g，装饰用黄砂糖适量，香蕉1根

 搅拌碗，打蛋器，筛子，锅，刀子，蛋奶酥杯子，气体喷灯，烤盘

 160℃ 25~30min

 1h50min（包含冷却所用的时间）

1 提前把香草豆荚切半刮出里面的豆子，把豆子和外皮一起放入鲜奶油中加热，直至将要煮沸。

2 在鸡蛋黄中放入砂糖轻轻地搅拌至砂糖溶化。

3 把步骤1中做好的混合液一点一点地倒入打发好的鸡蛋黄液体中好好搅拌。

4 用筛子过滤一次。

5 在蛋奶酥杯子中放入鲜奶油，放入预热至160℃的烤箱中加水烤25~30min，放入冷藏室冷却1h以上。

6 轻轻地均匀地撒上黄砂糖并用喷灯加热成焦糖，在上面放上两片香蕉，再撒上些黄砂糖后，再用喷灯加热成焦糖就完成了。

 加水烤的时候，烤盘内放入（1/3）~（1/2）高度的温水，然后把装有面糊的容器放在里面后放入已预热的烤箱内就可以了。

下午茶的时候思念的美味

NO! 油

NO! 黄油

NO! 色素

奶油绿茶蛋糕
★☆☆

吃一口，在感受到柔和细腻的绿茶冰淇淋那样的香甜味道的同时，融合着微苦且湿润的鲜奶油的香味，再搭配上一杯温热的奶茶，就会成为最佳的茶点。一口奶茶，一口蛋糕，和好朋友们一起闲聊一下吧！

2个	鲜奶油200g，砂糖100g，盐1g，鸡蛋2个，香草香精1小勺，低筋面粉180g，绿茶粉15~20g，泡打粉4g，核桃碎1大把 **糖霜** 糖粉120g，柠檬汁3小勺 **装饰** 树莓适量，杏仁片适量，南瓜子适量	搅拌碗，打蛋器，筛子，刮刀，模具，小碗，勺子，冷却网 180℃ 25~30min 1h

- 224 -

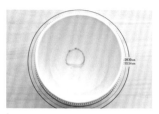

1 在鲜奶油中加入砂糖和盐，搅拌至出现丰富的泡沫。

2 放入鸡蛋和香草香精后轻轻地搅拌。

3 放入提前筛好的低筋面粉、绿茶粉和泡打粉，用刮刀或者奶油抹刀刮划搅拌。

4 放入准备好的核桃碎。

5 在模具中倒入约80%容量的面糊，轻轻敲击底部去除气泡，在预热至180℃的烤箱中烤25~30min之后，从模具中取出蛋糕，放在冷却网上充分冷却。

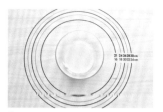

6 在这期间，向糖粉中加入柠檬汁制作糖霜。

7 在冷却好的蛋糕上撒上糖霜，用树莓和杏仁片以及南瓜子加以装饰就完成了。

Tips 如果放入鲜奶油，即使不放黄油也可以制作出暄软滋润的蛋糕。用酸奶代替奶油也不错。如果放酸奶，需要加入鲜奶油量的1.5倍，这样才能调节好面糊的稠度。

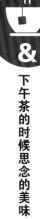

下午茶的时候思念的美味

NO!
黄油

伯爵红茶玛德琳
★☆☆

搅拌一下就能马上做好面糊，然后轻松地制成玛德琳蛋糕。温暖的红茶搭配上软绵的玛德琳，让慵懒疲乏的午后也变得幸福起来。

12个

低筋面粉 100g，杏仁粉20g，泡打粉2g，葡萄籽油40g，鸡蛋2个，玉米低聚糖20g，砂糖 30g，伯爵红茶茶包1袋（4g）

 搅拌碗，打蛋器，筛子，玛德琳烤盘，毛刷，保鲜膜

 160℃ 12min

 50min
（包括放在冷藏室的**30min**）

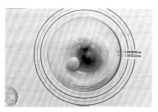

1 在碗中放入鸡蛋、砂糖、玉米低聚糖后好好搅拌。

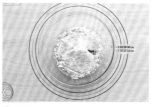

2 放入提前筛好的低筋面粉、杏仁粉和泡打粉好好搅拌。

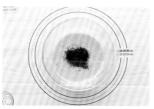

3 搅拌好面糊后，打开伯爵红茶的茶包，将茶叶倒入面糊中再次搅拌。用保鲜膜包好放入冷藏室醒30min。

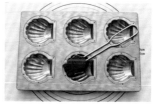

4 在玛德琳烤盘中均匀地涂抹上葡萄籽油。

5 在玛德琳模具中装入80%容量的面糊，敲击底部两三次去除气泡后，放入预热至160℃的烤箱内烤12min就完成了。

 伯爵红茶的碎茶叶如果太粗糙，用搅拌机轻轻搅一下再放入会更好。

巧克力司康
★☆☆

司康是把面团快速烘焙制成的面包，是英式下午茶中让人不忍舍弃的甜品。虽然抹上味道清淡的果酱或者奶油以及柠檬凝乳等很好吃，但是放入香甜的巧克力碎烘焙，更是绝佳美味。

8个　低筋面粉100g，全麦面粉100g，鲜奶油200g，泡打粉5g，盐1撮，砂糖40g，巧克力碎40g，牛奶适量

搅拌碗，筛子，刮板，烘焙纸，毛刷，烤盘

 200℃ 20min　　35min

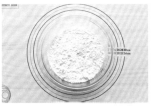

1 在搅拌碗中放入事先筛好的低筋面粉、全麦面粉、盐、泡打粉和砂糖好好搅拌。

2 放入鲜奶油，搅拌至看不见生面粉。

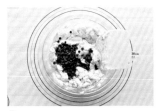

3 放入巧克力碎后，用刮板快速刮划搅拌。

4 将揉好的面团揉圆压扁展平之后，用刀子或者刮板将它切成8等份。

5 摆放在烤盘上，并在上面刷上蛋液或者牛奶。放入预热至200℃的烤箱中烤20min就完成了。

Tips　将面粉放在阴凉且温度恒定，同时相对湿度较小的地方保存较好。若是将面粉放在温度高的地方，面粉里的酵素活动活跃，很容易变质。特别是全麦面粉或者黑麦面粉容易受相对湿度较大和害虫的影响，密封后冷藏保存是最佳方法。注意，面粉很容易吸附气味，密封一定要严。

NO! 黄油

蔓越莓小饼

★☆☆

据说在很久以前的苏格兰，新娘到新郎家里时，新娘的头上要放置这个小饼，有将这个小饼掰碎并给予祝福的意思。所以这个小饼要做得很酥脆，以便容易掰碎。由于它加入了满满的蔓越莓，所以烘焙的时候充满了甜蜜的香气。

中筋面粉150g，葡萄籽油30g，原味酸奶1盒，糖粉40g，盐1撮，香草香精1小勺，蔓越莓干40g

搅拌碗，打蛋器，筛子，烘焙纸，刀子，叉子，烤盘

 170℃ 18min　　**40min**

10cm×2cm
12个

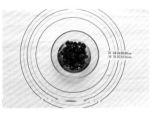

1　将蔓越莓干提前用温水或者朗姆酒泡胀。

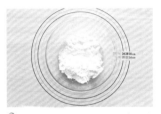

2　在搅拌碗里放入葡萄籽油、糖粉、盐和原味酸奶进行搅拌。

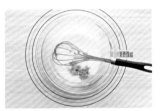

3　放入香草香精好好搅拌。

4　放入提前筛好的中筋面粉。

5　在面团中放入挤干水分的蔓越莓，再次进行充分搅拌之后，揉成面团。

6　把面团放在烘焙纸上，擀得厚厚的、平平的，分成12等份，用叉子在上面扎上气孔。在预热至170℃的烤箱中烤18min，取出冷却就完成了。

Tips　蔓越莓干是烘焙中经常使用的干果。未用完的蔓越莓干要在避光、阴凉的地方保存。另外，比起其他水果，蔓越莓的热量偏高，所以使用时请调节好用量。

绿茶米粉卡斯提拉
★★☆

这是一款由微苦的绿茶香气带来爽口感觉的绿茶米粉卡斯提拉。卡斯提拉是老少皆宜的食品，所以作为礼物也不错。比起其他饮料，卡斯提拉和牛奶最相配，若用米粉做，也可作为孩子的零食。

20cmx10cmx
9cm
1个

鸡蛋3个，鸡蛋黄2个，黄砂糖110g，蜂蜜30g，水10g，自制料酒10g，低筋面粉100g，绿茶粉15g

卡斯提拉模具，搅拌碗，打蛋器，煮锅里用的碗，筛子，垫纸，手动搅拌器，烘焙纸，刮刀，烤盘

180℃ 10min → 150℃ 40min

1h30min

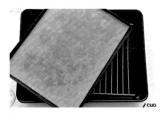

1 和面之前，在烤盘上再重叠两个烤盘，为了防止卡斯提拉的底部烤煳，再垫上几张垫纸或烘焙纸。

2 提前剪好垫纸垫在卡斯提拉的模具中。

3 在碗中放入鸡蛋、鸡蛋黄和黄砂糖搅拌至没有疙瘩。

4 隔水加热至黄砂糖充分溶化。

5 用手动搅拌器均匀搅拌出泡沫之后，按照快速—中速—慢速的顺序进行搅拌，使产生的泡沫细腻光滑。

6 放入蜂蜜、水和自制料酒进行慢速搅拌。

7 放入提前筛好的低筋面粉和绿茶粉快速搅拌，以免泡沫消失。

8 在卡斯提拉模具中放入80%左右容量的面糊，把上面抹平整理好后，在预热至180℃的烤箱中烤10min，然后把温度降至150℃再烤40min。

9 一从烤箱内取出就连模具一起扣在垫纸上倒置冷却，最后切成合适的大小即可。

卡斯提拉面糊在倒入模具的时候，为了防止气泡的产生，最好从距模具20~30cm的高度往卜倒。另外，从烤箱内拿出冷却后，用保鲜膜包好放置1~2h让蛋糕返潮会更好吃。

牛奶太妃糖
★☆☆

小的时候每次去奶奶家，奶奶总是会宠爱地塞给我一把放在黄色纸盒中的太妃糖。我将它们放在口袋里，一个一个地慢慢吃掉。我就是因为想起了这样儿时的回忆，才在家试着做了这个牛奶太妃糖。

鲜奶油200g，砂糖70g，玉米低聚糖或麦芽糖100g，香草香精1小勺

16cm x
11cm x2.5cm
1个

锅，刮刀，勺子，四方模具，刀子，油纸，保鲜膜

3h
（包含在冷藏室成型的时间）

1 在锅中放入鲜奶油，用小火搅拌煮制。边缘微沸后放入砂糖和玉米低聚糖，好好搅拌。

2 放入香草香精边搅拌边煮。

3 用汤勺或者饭勺舀起来的时候，不要太稀，流淌成线的程度正好。

4 将步骤3制得的混合液放入四方模具中，盖上保鲜膜，或者放入巧克力酱纸模具中，将上面整平。

5 放入冷藏室中成型2h30min以上，使之充分凝固，之后切成适当大小，用油纸逐个包装好就完成了。

Tips

包装太妃糖的时候最好使用滑滑的油纸。一般的垫纸或者烹饪锡纸容易与糖粘在一起。

自家制作的牛奶太妃糖因为放了很多的鲜奶油而且没有其他添加物，所以比起市场上卖的太妃糖保质期要短，应尽快食用，并且冷藏保存比较好。

蓝莓燕麦煎饼
★ ☆ ☆

煎饼在热乎乎的时候吃起来最美味，所以又被人们称为 Hot cake。和这种煎饼最相配的当然还是甜甜的糖浆和牛奶！放入麦片更是增加了微微粗糙的口感，香香的味道就是让人觉得健康。搭配蓝莓和甜蜜的糖浆，一份色香味俱全的营养早餐就完成了。

低筋面粉100g，燕麦片40g，盐1撮，砂糖30g，泡打粉3g，牛奶100g，鸡蛋1个，原味酸奶30g
装饰 酸奶1大勺，龙舌兰糖浆适量，蓝莓适量

直径8cm
12个

搅拌碗，打蛋器，筛子，刮刀，平底锅，锅铲

  用中小火前后各烙**5min**

 40min

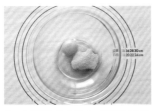

1 在搅拌碗内放入鸡蛋和砂糖混合搅拌。

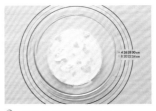

2 放入牛奶和原味酸奶搅拌。

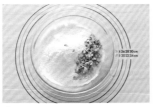

3 将燕麦片放入水中稍微泡一下。在步骤2搅拌好的食材中放入提前筛好的低筋面粉和燕麦片。

4 搅拌至看不见生面粉。

5 在烧热的平底锅中放入面糊，当表面产生气泡、中间渐渐凸起时，就可以翻面了。

6 翻面后将另一面也煎至金黄。将做好的薄饼装入碟子中，充分抹上龙舌兰糖浆，顶部铺一点酸奶，放上蓝莓就完成了。

  在面糊中放入燕麦片的时候，将燕麦片提前放入水中稍微泡一下再用比较好。若不在水里泡，燕麦会吸收面糊中的水分，这样面糊就会变得浓稠。另外，煎饼面糊的浓稠度选取在用抹刀或者勺子舀起的时候呈流线状最适宜。
  若平底锅表层完好，可以不放油直接煎。若表层有缺损，放入葡萄籽油或芥花籽油后再煎比较好。

奥利奥玛芬蛋糕

★☆☆

当你想吃甜品的时候，有烦心事的时候，不妨来一块能让心情立马变好的奥利奥玛芬蛋糕！就像奥利奥要扭一扭蘸着牛奶才更好吃一样，奥利奥玛芬蛋糕和牛奶搭配也是最理想的。

5个

低筋面粉120g，黄砂糖50g，葡萄籽油30g，泡打粉4g，原味酸奶80g，鸡蛋1个，奥利奥饼干8块

混合碗，打蛋器，筛子，玛芬杯，保鲜袋，奶油抹刀，烤盘

 170℃ 20min   40min

1　将奥利奥饼干扭转掰开，用刀或者奶油抹刀除去中间的奶油后，将分成两半的10块奥利奥放入保鲜袋中砸碎，其余的留下作装饰。

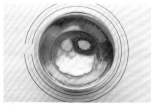

2　在搅拌碗中加入葡萄籽油、原味酸奶、鸡蛋和黄砂糖进行充分搅拌。

3　将提前筛好的低筋面粉和泡打粉放入充分搅拌。

4　放入粉碎了的奥利奥饼干后再充分搅拌

5　在一次性玛芬杯中装入面糊至容量的80%左右，在每个杯子中竖着放入一块除掉奶油的奥利奥饼干。然后在预热至170℃的烤箱内烤20min就完成了。

Tips　奥利奥饼干将传统的黑巧克力饼干和甜蜜的奶油结合在一起，受到人们的喜爱。如果没有奥利奥饼干，也可以使用其他同类型的饼干。

NO! 黄油

与啤酒、红葡萄酒、香槟酒相得益彰的小吃

海苔饼干
★ ☆ ☆

加入了海苔特有的香香的味道，制作出来的海苔饼干让人欲罢不能。搭配啤酒或者给孩子们作为零食都很不错，使整个家庭都充满了爱意。

 紫菜包饭用海苔2张，低筋面粉100g，盐2g，泡打粉4g，牛奶35g，鸡蛋1个，砂糖10g，葡萄籽油20g

6~70个

 搅拌碗，打蛋器，筛子，擀面杖，保鲜膜，保鲜袋，刮刀或者刮板，烘焙纸，烤盘

180℃ 10~12min

 50min （包括放在冷藏室的30min）

1 将海苔放入保鲜袋中进行充分粉碎。

2 在搅拌碗内放入牛奶、鸡蛋和砂糖好好搅拌。

3 放入提前筛好的低筋面粉、泡打粉和粉碎的海苔，搅拌均匀。

4 放入葡萄籽油和盐进行搅拌。

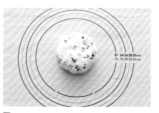

5 揉成一个圆团后用保鲜膜包住，放入冷藏室中醒30分钟。

6 醒好后，将面团用擀面杖擀成厚度为0.2~0.3cm的面饼，之后用刮刀或者刮板将其切成长度为5~6cm的细长条。

7 在烤盘上码放好切好的小长条，在预热至180℃的烤箱中烤10~12min就完成了。

Tips 海苔特有的味道和清淡的口感让饼干变得更香更好吃。这里若想增加甜味，可以试试在100g砂糖中加入20g水，煮沸制成糖浆后，涂在烤好的饼干上，冷却食用，这样就会像市场上卖的海苔饼干一样甜了。

松露巧克力
★☆☆

即使不是情人节或者圣诞节这种特别的日子，也可以试着做由黑巧克力和奶油搭配的温柔而有魅力的松露巧克力。吃一口就能让积存了一天的压力转瞬即逝。香甜柔软，作为香槟的好搭档是非常合适的。

挂皮用黑巧克力200g，鲜奶油100g，玉米低聚糖10g，无糖可可粉适量，抹茶粉适量

16cmx
11cmx2.5cm
1个

锅，刮刀，勺子，四方模具，刀子，保鲜袋，叉子或者筷子

2h20min
（包含在冷藏室成型的时间）

1 在锅中放入鲜奶油煮到边缘微沸时放入麦芽糖或玉米低聚糖搅拌。

2 放入挂皮用黑巧克力均匀搅拌至熔化。

3 将熔化的黑巧克力放入四方模具中，抹平表面后放入冷藏室成型大约2h使之凝固。

4 上层变得坚实以后，把黑巧克力切成适当大小。

5 切好的黑巧克力上满满地粘上抹茶粉或者无糖可可粉就完成了。

Tips 松露巧克力无论成型得多么结实，拿到手里也会因为手指的温度而很快熔化，所以在粘可可粉或抹茶粉时应使用小叉子或者筷子，尽量避免用手接触。

与啤酒、红葡萄酒、香槟酒相得益彰的小吃

橙味蜂蜜杏仁
★☆☆

醇香的杏仁搭配甜甜的蜂蜜，再穿上清爽的橙皮外衣，这就是橙味蜂蜜杏仁。不仅当零食吃很适合，在想喝红葡萄酒的日子，试着搭配一下橙味蜂蜜杏仁会有意外的惊喜。

 杏仁1杯，蜂蜜2大勺，砂糖1小勺，水1大勺，盐1/2小勺，葡萄籽油1/2大勺，橙皮（1个橙子的量）

1杯

 平底锅，锅，垫纸，橙皮刨丝器，刮刀，托盘

30min

1 先将杏仁放入热锅或者烤箱里稍微烤一下。

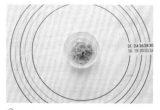

2 把橙子清洗干净后用刨丝器轻轻刨下橙皮。

3 在锅中放入水、蜂蜜、葡萄籽油、盐和砂糖熬煮。

4 糖浆煮沸以后放入烤好的杏仁和橙皮，搅拌均匀。

5 将橙味蜂蜜杏仁互相不粘连地放在垫纸上，冷却好就完成了。

Tips 可以用柠檬皮代替橙皮使用，也可以用切好的薄薄细细的生姜丝或蔓越莓，这样做出来的杏仁味道也是非常好的。

黄奶酪饼干
★ ☆ ☆

虽然散发着阵阵浓厚的奶酪味、外表泛着金黄色的黄奶酪饼干可以和牛奶、咖啡或者红茶等各类饮料搭配，但是对我来说，最相配的就是啤酒了。

16~18个

低筋面粉150g，棕色干酪粉（乳清奶酪干粉）30g，鸡蛋1个，砂糖30g，盐2g，葡萄籽油20g，牛奶10g

 搅拌碗，打蛋器，筛子，擀面杖，饼干模具，烘焙纸，烤盘

 175℃ 12~15min　 30min

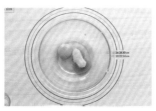

1 在碗中放入葡萄籽油、鸡蛋、砂糖和盐进行搅拌。

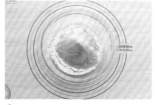

2 放入提前筛好的低筋面粉、棕色干酪粉进行充分搅拌。放入牛奶调节面糊稠度。

3 把面团用擀面杖擀成平平的0.3~0.4cm厚的面饼。

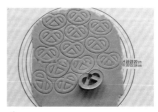

4 用饼干模具刻出形状。

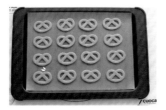

5 将已刻出形状的饼干坯放在铺好烘焙纸的烤盘上，在预热至175℃的烤箱中烤12~15min就完成了。

 若没有棕色干酪粉，用帕玛森干酪粉代替也可以。

皇家奶茶 ♥2杯

水150ml，红茶茶叶6g，牛奶250ml，龙舌兰糖浆或蜂蜜适量

1. 将水放入锅中，煮沸后放入红茶茶叶，改用小火煮5分钟泡成红茶。
2. 放入牛奶。
3. 煮到牛奶边缘微沸的时候，就可以关火了。
4. 用茶叶网过滤掉茶叶渣滓后，倒入茶杯中，根据个人喜好放入龙舌兰糖浆或蜂蜜就完成了。

红薯拿铁 ♥2杯

红薯1个（去皮后约300g），牛奶300ml，坚果碎1大勺，蜂蜜适量，桂皮粉适量

1. 将红薯洗净切成适当大小。
2. 盖好保鲜膜放在微波炉中分两次加热，各加热2min，去皮。
3. 在搅拌机中放入去皮地瓜和加热的牛奶以及坚果碎细细搅打。
4. 根据个人口味放入蜂蜜或桂皮粉搅拌均匀就完成了。

香草拿铁 ♥2杯

豆乳300ml，浓缩咖啡4小杯，香草糖浆适量

1. 将豆乳加热备用。
2. 分别装杯，每杯放入浓缩咖啡2小杯后放入香草糖浆，拌匀即可。

香蕉牛奶 ♥2杯

冰冻香蕉2根，牛奶300ml，香草香精1~2滴，龙舌兰糖浆1小勺，蜂蜜适量

1. 将香蕉提前放在冷冻室内半天以上。
   （＊若使用常温香蕉，需要放几块冰块。）
2. 将香蕉切成适当大小，放入搅拌机中，倒入牛奶，滴入香草香精。
3. 放入龙舌兰糖浆或蜂蜜。
4. 轻轻搅打，香蕉牛奶就完成了。

阿芙佳朵

冰淇淋2勺，浓缩咖啡2小杯，坚果和巧克力各少量，装饰用樱桃适量

1. 准备好2小杯浓缩咖啡备用。
2. 将冰淇淋放入碗中，用坚果和巧克力作装饰。
3. 在上面放上樱桃后，食用之前浇上热热的浓缩咖啡就完成了。

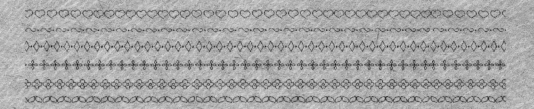

Part 4

轻松在家做人气甜品

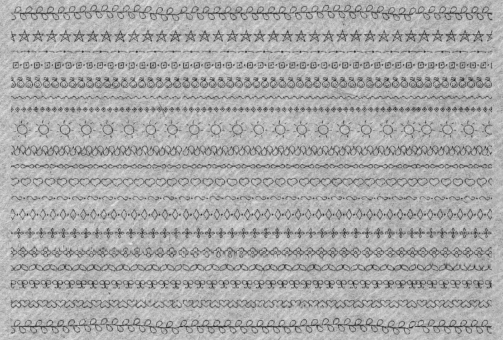

It! Bakery

NO!
黄油

鸡蛋饼干
★☆☆

在我小的时候，并不像现在一样有各种各样的饼干，那时，我最喜欢的饼干就是像雪花般入口即化的鸡蛋饼干。它具有淳朴的味道和软糯的口感，老少皆宜。

直径3cm
30个

鸡蛋黄4个，低筋面粉100g，杏仁粉30g，葡萄籽油35g，砂糖50g，香草香精1小勺，泡打粉4g，牛奶30g

搅拌碗，打蛋器，筛子，圆形花嘴，裱花袋，烘焙纸，烤盘

  175℃ 10min 25min

1 在葡萄籽油中放入砂糖搅拌均匀。

2 放入鸡蛋黄好好搅拌。

3 放入牛奶和香草香精。

4 放入提前筛好的低筋面粉、杏仁粉、泡打粉好好搅拌。

5 装入戴好圆形花嘴的裱花袋中。

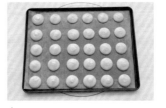

6 在铺好烘焙纸的烤盘上挤出圆形的面团，放入预热至175℃的烤箱中烤10min就完成了。

在家做的鸡蛋饼干比市场上卖的硬硬的鸡蛋饼干更软糯。也可以用黑麦面粉或全麦面粉代替低筋面粉使用，口感上虽然会有点粗糙，但是会更具有谷物的香味。

玫瑰马卡龙
★★☆

一说到马卡龙，我就会想到 La Duree家的人气菜品玫瑰马卡龙！在我还在做时尚杂志编辑的时候，每次去巴黎出差都一定要去买着吃。掠过鼻尖的玫瑰香味，很新奇也非常有魅力。

马卡龙夹片 鸡蛋清42g，白砂糖42g，杏仁粉55g，糖粉50g，草莓粉4g

白巧克力酱 鲜奶油50g，白巧克力50g，玫瑰香料或玫瑰水适量

4cm
12个

 搅拌碗，手动搅拌器，筛子，刮刀，1cm的圆形花嘴，裱花袋，烘焙纸，烤盘，煮锅里用的碗，打蛋器，冷却网

150℃ 12~14min

 1h

1 把鸡蛋清搅打出泡沫，把白砂糖分三次放入，搅打至能够拉出尖角的程度，制成蛋白霜。

2 把提前筛好的杏仁粉、糖粉和草莓粉分次放入蛋白霜中，从内向外翻着画大圆均匀搅拌。

3 搅拌至面糊产生光泽。

4 面糊产生光泽后，抬起刮刀，面糊呈带状垂落就可以了。

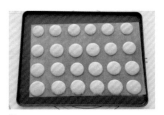

5 把面糊装入戴好1cm圆形花嘴的裱花袋中，在铺好烘焙纸的烤盘上挤出直径约为4cm的圆形面团。在室温内放置30分钟使其干燥。然后放入预热至150℃的烤箱中烤12~14min。

6 在这期间，在鲜奶油中放入白巧克力隔水熔化。

这时，为了让巧克力酱更黏稠，可以放点黄油，不放也没关系。

7 滴入几滴玫瑰香料或玫瑰水。

8 把烤好的马卡龙夹片大小合适地配对后，把白巧克力酱装在裱花袋中挤在一片上，合上另一片，摆放好就完成了。

Tips
玫瑰香料或玫瑰水是带有玫瑰香味的食用香料，在做鸡尾酒和烘焙的时候会用到。玫瑰香料的香味非常浓厚，只需放极少量就够了。

玛格丽特饼干
★☆☆

咬一口玛格丽特饼干会让你回想起那些已经遗忘的儿时记忆。小的时候，跟着妈妈逛超市时偷偷往购物筐里放的饼干，或是学生时代在课间时气喘吁吁地跑到小卖部买的饼干就是这种玛格丽特饼干。

12个

低筋面粉125g，杏仁粉50g，泡打粉2g，鸡蛋1个，鸡蛋黄1个，葡萄籽油30g，砂糖55g，蜂蜜5g，香草香精适量，抹在表面的蛋液适量

 搅拌碗，打蛋器，筛子，刮刀，烘焙纸，烤盘，刮板，刷子

 170℃ 12min   25min

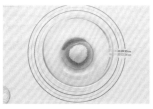

1 在葡萄籽油中放入砂糖、蜂蜜和香草香精好好搅拌。

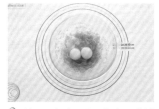

2 放入1个鸡蛋和1个鸡蛋黄搅拌均匀。

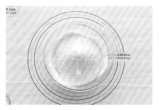

3 放入提前筛好的低筋面粉、杏仁粉、泡打粉搅拌均匀。

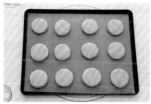

4 把面团揉成小圆团放在铺好烘焙纸的烤盘上，用手稍微按压一下。

5 用刮板或刮刀做出格子形状。

6 在上面刷上蛋液，放入预热至170℃的烤箱中烤12min。

烤饼干之前在上面刷上蛋液是为了让饼干产生黄黄的光泽。用牛奶代替蛋液刷在上面也可以。

布希曼面包
★★☆

在有名的Family Restaurant里，作为餐前面包的布希曼面包常常人气满分。甚至有些人并不是因为主菜，而是因为这款面包才去那家餐厅的。因为其香甜的味道，常常让我在上主菜之前就已经吃饱了！现在在家尝试着做一下吧。

全麦面粉100g，高筋面粉150g，干酵母4g，无糖可可粉3g，砂糖10g，盐1撮，葡萄籽油10g，蜂蜜50g，速溶咖啡1小勺，温热的水150g，玉米淀粉适量

5个

 面包机，擀面杖，筛子，保鲜膜，烘焙纸，烤盘

 190℃ 15~20min

 2h50min

1 在面包机中放入除玉米淀粉以外的所有食材进行和面和一次发酵。

2 把发酵好的面团分成5等份，揉成圆团后用保鲜膜包好醒15min。

3 用擀面杖将面团擀成面片。

4 竖着卷成长圆柱形后，把面片相接的部分使劲捏紧。

5 放在铺好烘焙纸的烤盘上，为了防止表面干燥，用保鲜膜盖好，进行40min左右的二次发酵。

6 等到面团发胀到原来体积的1.5~2倍时在上面撒上玉米淀粉，放入预热至190℃的烤箱中烤15~20min就完成了。

如果没有玉米淀粉，用高筋面粉也可以。

Tips 布希曼面包味道惊艳的秘密就是香香的全麦面粉和可可粉以及咖啡的组合。刚烤好热热的时候直接吃就很好吃，如果抹上果酱或其他酱汁也很好吃。

韭菜面包
★★☆

这是要排1小时才能买到的大田著名面包店的人气菜品——韭菜面包。我非常好奇到底有多好吃才能如此名声显赫啊！如果不愿跑到大田去，那么就在家试着做吧。

 高筋面粉240g，盐3g，砂糖40g，鲜奶油30g，牛奶70g，鸡蛋1个，干酵母4g，葡萄籽油15g，蛋液适量

6个
馅 熟鸡蛋2个，韭菜1把，火腿、蛋黄酱、盐、胡椒粉各适量

 面包机，搅拌碗，打蛋器，筛子，刀，擀面杖，烘焙纸，烤盘，刷子，保鲜膜

200℃ 14~15min

 2h50min

1 在搅拌碗中放入鸡蛋、鲜奶油和牛奶好好搅拌后隔水加热。

2 把步骤1中加热好的蛋奶液放入面包机中，再放入葡萄籽油、高筋面粉、砂糖、盐和干酵母进行和面，然后进行一次发酵。

3 在这期间，把韭菜切成2~3cm长的小段，熟鸡蛋去壳后碾碎，火腿切小丁，再放入盐、蛋黄酱和胡椒粉做成韭菜馅。

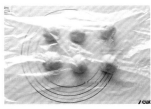

4 把一次发酵好的面团分成6等份揉成团，用保鲜膜盖好进行15min的中间发酵。

5 中间发酵结束以后用擀面杖将面团擀成面皮。

6 在擀好的面皮上满满地放上韭菜馅。

韭菜馅放得越多越好吃！

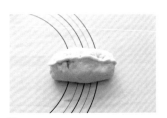

7 包起来，把面皮相接的部分捏紧。

8 捏褶的部分向下放在铺好烘焙纸的烤盘上，用保鲜膜盖好进行40min左右的二次发酵。

9 在面皮上划2~3个刀口，在上面均匀地刷上蛋液后，放在预热至200℃的烤箱中烤14~15min就完成了。

Tips　面团发酵的时候为了防止干燥应该用保鲜膜或湿棉布盖好。如果面团变干，发胀的部分会不好看。发酵时的相对湿度建议是70%~75%，但是并不一定要遵守这个数值，只要摸着面团感觉是湿湿的就可以了。

 NO! 黄油
NO! 油

核桃奶油芝士面包
★★☆

突然想妈妈了，所以做了妈妈最喜欢的核桃奶油芝士面包，带着回了娘家。因为知道妈妈有一颗年轻的心，喜欢所有漂亮的东西，所以面包我也做成了漂亮的样子。

6个
高筋面粉300g，牛奶200ml，砂糖10g，盐4g，干酵母4g，牛奶（涂抹面包）适量，杏仁片适量
馅　奶油奶酪180g，砂糖20g，核桃碎40g

面包机，搅拌碗，擀面杖，筛子，保鲜膜，烤盘，剪刀，刷子

  180℃ 18~20min

 3h

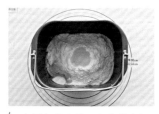

1 在面包机中放入加热的牛奶、高筋面粉、砂糖、盐和干酵母，和面后进行一次发酵。

2 把发酵好的面团用力按压去除气泡，分成4等份揉圆后，用保鲜膜或者湿棉布盖好，进行15分钟的中间发酵。

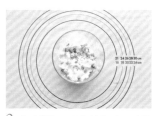

3 在这期间，用奶油奶酪、砂糖和核桃碎做成馅。

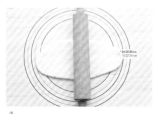

4 中间发酵结束后用擀面杖将面团擀成长面片。

5 抹上满满的奶油奶酪馅。

6 卷起来后把相接的部分捏紧。

7 做成圆环，把两端粘接在一起。

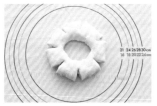

8 用蘸上面粉的剪刀剪出刀口。

9 把面包坯放在铺好烘焙纸的烤盘上，用保鲜膜盖好后进行40min的二次发酵。

10 第二次发酵结束后，在面包坯表面稍微刷上点牛奶，在上面撒上杏仁片，然后放在预热至180℃的烤箱中烤18~20min就完成了。

Tips 中间发酵是指把分好的面团揉圆或按平以后再次醒发的过程。进行中间发酵，能强化面筋，让面团更有弹性，更容易做出面包的形状。

巧克力泡芙
★☆☆

在圆圆的球里填满甜甜的巧克力酱，这就是巧克力泡芙。如果觉得市场上卖的巧克力泡芙里面装的巧克力酱太少，可以自己做着吃。若放在冷藏室中等到冰凉的时候再吃，味道更好。

外壳 中筋面粉75g，低筋面粉75g，牛奶125ml，水125ml，葡萄籽油75g，鸡蛋5个，砂糖10g，盐3g

巧克力酱 黑巧克力60g，鲜奶油60g

直径4cm
35个

锅，刮刀，搅拌碗，打蛋器，圆形花嘴，泡芙花嘴，裱花袋，烘焙纸，喷水器，烤盘

 200℃ 10min → 180℃ 15min

 1h10min

1 在锅里倒入牛奶、葡萄籽油和水搅拌，用小火加热。

2 放入提前筛好的中筋面粉、低筋面粉、砂糖、盐。

3 搅拌至没有小疙瘩后，用小火边烫面变搅拌直到面糊产生光泽。

4 面糊稍微熟了以后从火上拿下来冷却。把提前打好的鸡蛋分三次放入搅拌。

5 轻柔地搅拌至没有小疙瘩。

6 把做好的面糊装在戴好圆形花嘴的裱花袋中。

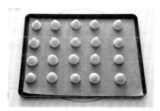

7 在铺好烘焙纸的烤盘上挤出直径为3cm的圆面团，充分喷水以后，竖尖的部分用手指轻轻按压。在预热至200℃的烤箱中烤10min，降低到180℃以后再烤15min，等余热稍微散去以后取出来。

8 在这期间，在锅里放入鲜奶油加热至将要煮沸时，放入黑巧克力好好搅拌。

9 在戴好泡芙花嘴的裱花袋中装入冷却的巧克力酱。

10 在烤好的外壳中装满巧克力酱就完成了。

Tips 要在面糊上充分喷水才能让外壳变酥，烤的时候自然而然就破开了。在喷水的时候不要担心，要喷得充分。

虾条是受许多人喜爱的零食。不经过油炸，用新鲜的食材做出更健康的虾条，你也可以做到。

 低筋米粉120g，炼乳30g，泡打粉2g，干虾30g，葡萄籽油20g，牛奶70g

50个

 平底锅，搅拌器，搅拌碗，刮板，筛子，擀面杖，烘焙纸，烤盘，保鲜膜或保鲜袋

190℃ 9~10min

1h（包括放在冷藏室的30min）

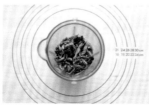

1 在加热的平底锅中不放油炒一炒干虾，然后放在搅拌机中打成粉。

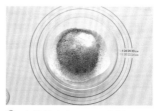

2 在搅拌碗中放入提前筛好的低筋米粉、泡打粉和虾粉搅拌。

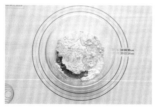

3 放入葡萄籽油、牛奶和炼乳搅拌均匀后，用保鲜膜包好或用保鲜袋装好放在冷藏室中醒30min。

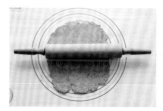

4 醒好取出后，用擀面杖擀成0.3~0.4cm厚的面片。

5 用刮板做出斜线花纹。

6 切成宽1cm、长5cm的长条，放在预热至190℃的烤箱中烤9~10min就完成了。

 Tips

如果想要脆脆的口感，和面的时候为了少产生面筋，要轻轻地搅拌。
若没有烤箱，可以在加热的平底锅中不放油，用小火两面慢慢烤。

胡萝卜蛋糕
★★☆

这是一款不仅味道好，而且对身体也有益的治愈系蛋糕！因为放了很多胡萝卜，本应该有胡萝卜的味道，但其实是香甜的味道。它具有松软柔嫩的口感，是真正的既美味又健康的甜品。

直径18cm
1个

胡萝卜碎180g，坚果碎50g，鸡蛋2个，葡萄籽油45g，香草香精1小勺，黑砂糖30g，黄砂糖30g，盐1撮，全麦面粉130g，杏仁粉50g，桂皮粉5g，泡打粉1小勺，装饰用开心果碎适量
糖霜 奶油奶酪200g，糖粉80g，香草香精适量

擦菜板，搅拌碗，打蛋器，筛子，刮刀，垫纸，刀，圆形模具，冷却网，圆形花嘴，裱花袋

 180℃ 25~30min 1h

1 胡萝卜刮皮，为了使嚼起来口感较好，用擦菜板把胡萝卜擦成丝。

2 在搅拌碗中打入鸡蛋，搅拌均匀。

3 放入黄砂糖、黑砂糖和盐、香草香精搅拌均匀。

4 边倒入葡萄籽油边搅拌鸡蛋液，使其充分融合。

5 放入提前筛好的全麦面粉、杏仁粉、桂皮粉、泡打粉和胡萝卜碎以及坚果碎。

6 好好搅拌至面糊变光滑。

7 在圆形模具中放入垫纸，倒入面糊。用力敲击两三次去除底部的气泡，然后放入预热至180℃的烤箱中烤25~30min。

8 将烤好的蛋糕放在冷却网上冷却后，切成3片。

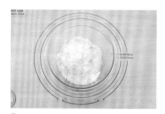

9 在搅拌碗中放入奶油奶酪、糖粉和香草香精轻轻地搅打制成糖霜。

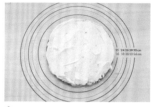

10 在每一层切片蛋糕上都刷上糖霜。再用戴好圆形花嘴的裱花袋装上糖霜，在蛋糕的最上层用裱花袋挤出一个个圆圈后，用开心果碎和胡萝卜加以装饰就完成了。

Tips 如果没有圆形模具，烤蛋糕时可以用玛芬模具或纸杯。根据模具的大小需要调节烘焙的时间，用牙签插一下蛋糕，如果抽出来不沾面糊就说明烤好了。

家庭烘焙的另外一种乐趣——包装礼物！

让自己亲自做的饼干、面包和蛋糕变得更特别的诀窍不就是我特有的礼物包装方式吗？就算有点粗糙、有点幼稚，但是绝对能够表达我的心意和诚意，下面列出了一些礼物包装的实例。

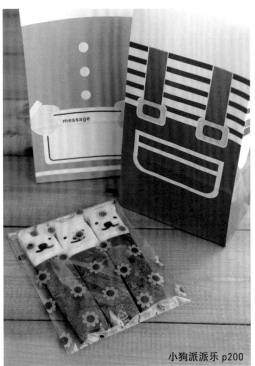

小狗派派乐 p200

黄奶酪饼干 p247

南瓜迷你磅蛋糕 p57

紫苏玛德琳蛋糕 p63

橙味棒蛋糕 p96

黑芝麻曲奇 p28

杏仁奶粉饼干 p143

巧克力泡芙 p262

绿茶草莓大理石饼干 p18

黑芝麻费南雪 p183

巧克力棒蛋糕 p202

康乃馨豆沙饼干 p136

幽灵蛋白脆饼干 p187

卡通巧克力 p107

马卡龙 p116、p252

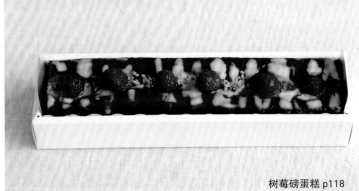

树莓磅蛋糕 p118

三色羊羹 p178

橄榄佛卡夏面包 p147

无花果玛芬蛋糕 p59

核桃奶油芝士面包 p260

苹果派 p76

甜南瓜芝士蛋糕 p193

杯装提拉米苏 p104

草莓满珠 p120

迷你坚果派 p84

月饼 p176

黑橄榄迷你面包 p43

花朵杯蛋糕 p130